我的第一本科学游戏书②

刘 杰◎编著

中国纺织出版社有限公司

内 容 提 要

科学，绝非仅仅赋予了神秘色彩，而在于它是手中改造世界的工具。科学的小游戏，可以把孩子带进科学的海洋，让他们亲自动手去体验，思考问题，探索原理。

本书所列举的小游戏涵盖了数学、物理、化学等学科内容，以好玩有趣的实验，让孩子们对科学神奇的力量充满好奇，让孩子通过探索去掌握知识，教会孩子们在学中玩、玩中学。每一个正在求知的孩子都可以来阅读这本书，真正体验一次科学的神奇。

图书在版编目（CIP）数据

我的第一本科学游戏书.2 / 刘杰编著. --北京：
中国纺织出版社有限公司，2020.7
ISBN 978-7-5180-7327-6

Ⅰ.①我… Ⅱ.①刘… Ⅲ.①科学实验—少儿读物
Ⅳ.①N33-49

中国版本图书馆CIP数据核字（2020）第067320号

责任编辑：江 飞　　责任校对：江思飞　　责任印制：储志伟

中国纺织出版社有限公司出版发行
地址：北京市朝阳区百子湾东里A407号楼　邮政编码：100124
销售电话：010—67004422　传真：010—87155801
http://www.c-textilep.com
中国纺织出版社天猫旗舰店
官方微博http://weibo.com/2119887771
三河市延风印装有限公司印刷　各地新华书店经销
2020年7月第1版第1次印刷
开本：880×1230　1/32　印张：7
字数：118千字　定价：25.00元

前　言

童第周说："科学世界是无穷领域，人们应当勇敢去探索。"尤其是对正处于知识朦胧期的孩子而言，科学则是激发好奇心的话题。这是一个有趣且好玩的世界，而孩子天生就拥有着探索和学习的欲望，通过有趣的科学游戏，恰恰可以让他们在"玩中学、学中玩"，真正实现娱乐与学习两不误的目的。

生活习惯总是会侵蚀孩子的好奇心，一旦缺乏有意识地引导，孩子们就会对身边的日常事物习以为常，不再探索和学习。那么，他们也就感受不到这个世界的好玩有趣，他们的科学知识会缺乏，视野会狭窄。为了避免孩子的好奇心遭受侵蚀，就需要以各种形式去引导孩子接触科学，让孩子们以更轻松的方式探索世界，这样才会让孩子保持源源不断的好奇心。游戏恰恰成为最好的媒介，这是孩子们最愿意、最乐意接受的一种方式，我们可以用生活中信手拈来的小物件，就地取材做一些简单的小游戏，这会让孩子们感到更亲切，也会更容易接受。

对孩子们来说，他们心中有十万个为什么：太阳为什么会发光？太阳会煮好鸡蛋吗？高脚杯也会发出音乐？电池会吃醋？乒乓球会跳舞？这些问题看起来千奇百怪，若是直接将答案告诉孩子，他们也听不太明白。其实，这些问题都可以在科学小游戏中找到答案，通过引导孩子们一起做游戏，让他们亲自参与解答问题的过程，这样他们所学到的知识会更深入内心，对于他们以后的学习是非常有帮助的。

科学小游戏可以将那些看似枯燥的科学原理用异常轻松的方式表现出来，让深奥的知识变得容易理解，更切合实际。当孩子们亲自动手去做那些有趣的游戏，通过游戏观察现象，通晓原理，同时更容易激发出孩子们的探索欲望，促使孩子在学习的路上走得更远。

编著者

2019年9月

目 录

第5章　力量是一种毕生的乐趣

第6章　生活中的化学故事

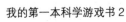

第 1 章

一场光的革命

生活需要光与色，正是光与色组成了绚丽多彩的大自然，它们变幻流转，不容易琢磨。或许，这在小朋友看来是深不可测，但我们可以通过生活常见的小游戏来揭开它们神秘的面纱，重现光与色的奥秘。

变色球

实验目标

红色、绿色、蓝色这三种颜色被称为原色，将这三色的光混在一起可以生成几乎所有颜色的光。

实验材料

红色、蓝色、绿色的糖球、大纸盒、8张红色玻璃纸

实验操作

首先我们拿出准备好的纸盒，取下纸盒的盖子，分别把红色、绿色和蓝色的糖球放入这个纸盒里。

然后把准备好的8张红色玻璃纸相互叠在一起，构成滤色片，盖在盒子上。

这时小朋友可以透过红色玻璃纸观察纸盒里的糖球，你会发现一个糖球变成了白色，而另外两个糖球变成了黑色。

科学原理

为什么在游戏中，红色、蓝色和绿色糖球都神奇地变色了？

这是因为透过滤色片可以让物体改变颜色，所以小朋友认不出原来的物体。在实验中，当白光投射到红色滤色片上时，

滤色片正好反射了光谱中的一部分红色光，其他的光则被完美吸收。所以当小朋友透过红色滤色片观察的时候，所看到的就是红色的光。当另一部分红色的光投射到红色的糖球上时，看上去像白色的，那是因为大部分的光被反射出来。而当红色的光投射到蓝色和绿色的糖球上时，几乎所有的红光都被吸收了，没有光被反射出来，所以糖球看上去就是黑色的。

色彩混合

小朋友在绘画的时候，看到好几种颜色混在一起就感觉很兴奋，他们会用同一支笔在这个颜色里蘸一下画两笔，又在那里面蘸一下画两笔，不一会儿，就会把全部的颜色都搅得一团糟，画纸上也乱七八糟。

这时可以给孩子一张比较大的纸，准备几种颜色，比如红黄蓝绿紫，用五支笔分别蘸上颜色，只给孩子一种笔，画几笔后收回来，再给另一种颜色的笔，这样，画面上的颜色纯度比较高，对比较大，让孩子自己观察不同色在一张纸上产生的调和感觉。或者，准备几种暖色，比如红、橙、黄三种色，也是分笔蘸色，画完后孩子可感觉到同类色的调和感觉，这三种颜色并置可出现暖色调的画面；另外可再选择湖蓝色、普蓝色、草绿色、翠绿色四种颜色，玩法相同，也是同类色的调和，这四种颜色混合可出现冷色调的画面。画完后把两幅画放在一起让孩子比较，问问孩子："你觉得哪张画温暖，哪张画凉快呢？"孩子一定会给你满意的答案。也可以准备两种对比的颜色，比如红色和绿色、黄色和蓝色、紫色和橙色等，色彩要饱和，调得稠一点，先给孩子一种颜色，等孩子画完了，把画晾干，再给另一种颜色，让孩子随便画，画完后让孩子观察，即使爸妈不说什么，孩子也能有对比色并置的感受。

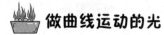 做曲线运动的光

实验目标

光都是沿着直线传播的，平时似乎不容易控制它的行动路线，但其实，光是可以做曲线运动的，它在某点的瞬间速度方向在曲线这一点的切线上。

实验材料

矿泉水瓶、报纸、手电筒、锤子、钉子、盆、橡皮泥

实验操作

首先我们用一颗钉子在矿泉水瓶子的瓶盖上钉一个大洞，并在瓶子底部钉出一个小洞。

然后用橡皮泥将两个洞暂时封住，再向瓶子中灌水至四分之三处，盖好瓶盖。

这时可以打开电筒，放在矿泉水瓶的底部，让光线可以穿过瓶子。用准备好的报纸把矿泉水瓶与手电筒卷起来，然后关掉屋子里的灯，把橡皮泥拿掉，让瓶子倾斜，将水倒进一个之前准备好的盆里。那么，奇迹在这一刻出现了，我们会看见

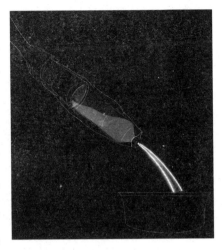

光线和水一起流淌出来了。假如这时将手指放在瓶口的光流中，光线就会变得像一条瀑布，随着水流做曲线运动。

科学原理

真的可以让光线听指挥，将光线像流水一样倒出来吗？在上面的实验里，我们看到真的可以。通常情况下，光线是沿着直线传播的，不过也有例外的时候。在这个科学实验里，我们把光和水混合在一起，光线就会被水流不定向地反射。所以，在这样的情况下，光线也就不再沿着直线传播了，而是像我们所看见的那样，随着水流开始做不定向的曲线运动。

会走路的光

拉上屋子的窗帘使室内变暗，提问："小朋友，屋里为什

么变暗了？"小朋友："没有光了，所以屋里变暗了。"打开灯提问："为什么屋里又亮了？"小朋友："因为有灯光了，所以屋里变亮了。"提问："那么，你能说说你都见过哪些光吗？"生活中常见的光有太阳光、月光、星光、灯光、闪电光、火光、激光、荧光棒发出的光、萤火虫发出的光，等等。像太阳光、月光、星光、火光、闪电光、萤火虫发出的光是自然界产生的光，叫自然光；像灯光、激光、荧光棒发出的光是人们制造出的光，叫人造光。我们可以通过实验看看光是怎样走路的。将屋子窗帘拉上，使室内变暗，打开手电筒，让小朋友观察手电筒的光是怎样走路的；还可以在有太阳时，在窗玻璃上贴上一块中间剪有洞的黑纸，让小朋友观察太阳光是怎样射进来的。这些实验会让小朋友看到手电筒的光是一直向前跑的，太阳光是直着射进来的。这是光的第一个特性，叫光的直射性。

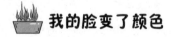 **我的脸变了颜色**

实验目标

色光下的有色物体会改变原来的颜色，用不同颜色的光来做光源就可以变出不同的颜色。

实验材料

白纸、黑纸、手电筒、镜子

实验操作

首先我们来到一个没有一点光线的房间，拉上所有的窗帘，关上所有的灯光。

然后我们坐在镜子前面，打开手电筒，并把手电筒放在脸的左边，让光照在自己的鼻子上。

这时把白纸放在脸的右边，从镜子中就可以看到自己的右半边脸被照亮了。那不妨把黑纸放在脸的右边，正对着手电筒的光，就可以看到镜子中自己的右半边脸几乎是一片漆黑。

科学原理

光是一种运动不息的能量，更是电磁辐射的一种形式，由很小的能量粒子，即光子组成。事实上，白纸是可以反射光线的。简而言之，在实验中，当手电筒的光照过来时，白纸将光重新反射到了我们的脸上，照亮了自己的脸。而黑色的纸几乎不反射光线，相反，它会吸收大部分的光。当手电筒的光照射到我们的鼻子上之后，光又被鼻子反弹了回来。那些照在黑纸上的光没办法把光线发射回来。所以，最后我们看到除了鼻子，我们脸上的右半部分依然是一片漆黑。

探索光斑

准备一面平面镜，再准备若干可以反光的和不能反光的物品摆放在活动室周围，如镜子调羹、脸盆、手表等各种表面光亮的玻璃或金属物品。当天气变得晴朗，室内有户外射进来的阳光，用镜子一照，就会发现亮亮的东西跑到墙上去了，这就是光斑。而且当小朋友晃动镜子，光斑也会动。除了镜子，还有一些表现有光的东西，诸如光碟、自行车铃、茶杯等，只要这些东西在太阳光下一照就会在墙上形成光斑。我们会发现镜子的光斑很亮，光碟上的字也跑到墙上去了；小的东西照出的光斑也小，而茶杯、脸盆的光斑是一圈一圈的。如果我们调整一下镜子的角度，那光就会往不同的方向反射。反射的光大小形状是不一样的，改变镜子的角度，光会来回移动，它的方向也变了。通过这个小游戏，我们发现，可以反射光的东西表面都是光亮平整的，不能反射光的东西表面是粗糙的；亮度强的物体，反射的光的亮度也强；小的东西反射出的光也小；不锈钢茶杯、脸盆发射的光是一圈一圈的，有图案或文字的镜子反射出的光也有图案或文字。

镜子中的我

实验目标

生活中常见的铝箔薄而轻，表面有银白色光泽，看起来就好像一张薄薄的纸片。我们可以用它来当镜子，照出自己的头像，同时展现镜面反射和漫反射。

实验材料

剪刀、铝箔

实验操作

首先我们先拿出一块铝箔，仔细观察一下它的正面，发现它的正面闪闪发光，十分明亮。

然后我们用铝箔的正面照一照自己的脸，就会发现铝箔好像一面镜子一样，很清楚地照出了自己的头像。

最后我们把铝箔揉成一团，再抹平。这时再用正面照一照自己的脸，却发现铝箔已经不会发光，没办法照出自己的头像。

科学原理

一般而言，光的反射可以分为镜面发射和漫反射。镜面反射，指的是当一组平行光线射向光滑表面时，光线以相同角度被反射回来；漫反射，指的是当一组平行光线射向凹凸不平或质地不均匀的表面时，反射的光线射向各个方向。镜面反射可以规则地反射光线。在上面这个科学游戏中，没有揉皱的铝箔对光的反射就是镜面反射，所以刚一开始我们就可以在铝箔中看到自己。而当铝箔被揉皱了之后，它的表面会变得不光滑，对光进行了漫反射，由于这种反射没有规律，所以就没办法照出头像就可以让自己的头像又消失了。

暗水明道

准备材料：方形小镜子两面、胶布、小动物玩具。将两面镜子背面用橡皮胶布粘连住，中间留一条缝，将镜子成角度竖起。在两镜片中间放一个动物玩具，由于镜子的相互反射，在镜子里面可以看到玩具变成了许多只。角度越小，两面镜子相互反射次数越多，动物也就变得越多。

古时行军打仗，士兵们都知道夜晚走路时路面上亮的地方是水，暗的地方是路。其实，明水暗路是指夜晚赶路时，月亮的光线经过水面后，发生镜面发射，进入我们的眼睛，因此我们可以从这里判断路面上亮的地方是水。不过这只是一种情况，当我们迎着月亮走的时候，这时反射光线正好进入我们的眼睛。当我们背着月光走时，也就是暗水明道了。那么，当我们迎着月光走的时候，就会选择暗的地方落脚；当我们背着月光走的时候，就会选择亮的地方落脚。

失踪的硬币

实验目标

把硬币放在水里，若将玻璃杯子微微倾斜盖在硬币上，可以清楚地看见硬币；若将玻璃杯垂直盖在硬币上，这时就无法看见硬币了。

实验材料

一元硬币、透明玻璃杯、装有水的脸盆

实验操作

首先将一元硬币放入装有水的脸盆中。

然后将玻璃杯子微微倾斜放入水中，直接盖在硬币上。这时我们可以很清晰地看见玻璃杯中的硬币。

最后我们将玻璃杯从水中取出，再以垂直的方式盖下去。这时我们就没办法再看见硬币了，它就好像消失了一样。

科学原理

这个游戏中涉及的科学原理是光的全反射，指的是光从光密媒质射到光疏媒质界面时全部被反射回原媒质的现象。生活中，我们必须凭借光线的辅助，才可以看到物体。当我们以倾斜的方式盖上玻璃杯，杯中自然会充满水。当光线经过水之后，就会进入我们的眼睛，因此我们就能够看见硬币。而当我们用垂直的方式将玻璃杯压入水中时，水中自然充满了空气。这时光线经过时就发生了全反射，光就会被杯中的空气反射回水中，没办法进入到我们的眼睛，因此我们就没办法看见硬币，硬币就跟消失了一样。

好玩的肥皂水

准备材料：清水、玻璃瓶、浴液（或洗手液、肥皂水）、香（或熏香）、激光笔、火柴（或打火机）。首先往玻璃瓶内倒入半瓶清水，在水里滴几滴浴液或肥皂水，目的是让水变得混浊一些。把点着的香放进瓶里，让瓶子上半部分充满烟，盖紧瓶盖。这时把瓶子放在黑暗的环境中，把激光笔从上向下照射，观察红色的光束，在空气与水的交界处，传播角度发生了改变，这就是光线的折射现象。光线从上向下照射，当达到一定的角度之后，光线被水与空气的界面反射回来，这种现象即光的全反射。在这个小游戏中，烟的作用是使空气里充满小颗粒，当激光通过时，发生漫反射，这样我们才能更好地观察到激光束。如果用肥皂水，作用是类似的。

提醒：小朋友在使用激光笔的时候，千万不要对准眼睛，注意安全。

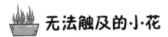

无法触及的小花

实 验 目 标

生活中常见的凹面镜也是可以成像的，但是它所成的像可比平面镜要神奇。当我们这里发出的光线落在了一个向内凹进的面上，当光线被反射回来时，原来在上面的光线跑到了下面，下面的光线出现在了上面。

实 验 材 料

塑料小花、手电筒、凹面镜、细棉线、纸盒、胶带、钉子、木条、剪刀、锤子

实 验 操 作

首先用木条做一个夹子，这样就可以安全地放置凹面镜。用钉子把木条钉牢固。

再用剪刀把纸盒的一个侧边剪掉，用胶带和线把塑料小花

吊在纸盒的顶上。

把盒子放在凹面镜前面的适当位置，使纸盒的开口对着凹面镜。打开手电筒，让光线从小花的侧面照过去。

然后关闭屋里的电灯，从纸盒的后方观察，上下调整凹面镜的位置，直到看到小花位置。

最后我们用手摸一摸镜子前的小花，你却什么都摸不到。

科学原理

这个小实验所体现的是光的折射定律，指的是在光的折射现象中，确定折射光线方向的定律。即折射光线位于入射光线和界面法线所决定的平面内，折射线和入射线分别在法线的两侧，入射角的正弦和折射角的正弦的比值，对于折射率一定的两种媒质来说是一个常数。根据光的折射定律，凹面镜也可以成像。假如我们把物体用东西遮住，在障碍物后面观察时，将会看到物体的像，但是这个看起来似乎真实的物体，用手却摸不着。

筷子弯了

准备材料：透明水杯、相同大小玻璃球两颗、铅笔、水。首先准备好清水和透明杯，当小朋友把手指放入水中，会发现手指折弯了，手指在水中的位置跟我们眼中看到的不在同一个位置。其次向透明水杯里倒入约三分之二的清水，放入铅笔，可以发现水面外的部分没有任何变化，但是被插入到水中的部分看起来像被折断一样。最后将一个玻璃球放在水杯里，并将另一颗玻璃球放在杯子的旁边，让小朋友观察它们之间的差异，从杯子的上下左右等不同的方向观察水中的玻璃球。我们发现，从侧面观察水杯中的玻璃球时会显得较大，而水杯旁边的玻璃球为正常的大小；当从上或从下观察水中的玻璃球，将不会出现任何变化。

 镜子里的多面世界

实验目标

生活中所用的镜子都是常见的平面镜，它会把光反射回去，就好像抛出去的球遇到坚硬的表面会反弹一样。

实验材料

蜡烛、火柴、平面镜、小刀、橡皮泥

实验操作

首先用小刀将一块平面镜背面划出一个直径2厘米左右的

圆，作为观察孔。

其次用橡皮泥将两面镜子垂直于桌面固定，镜面相对并平行放置，两镜间距在10厘米左右。

再用火柴点燃蜡烛，把蜡烛放在两面镜子之间。

最后通过观察孔仔细观察，你会发现蜡烛的影像在两面镜子里被反复投射了无数次。

科学原理

这个实验所展现的是平面镜成像原理，即反射面是平面的镜子。众所周知，平面镜会反射光线，也就是说光线遇到镜面就会被反射回去。因此，两面平行的镜子之间的蜡烛的影像，在镜子之间被反射来反射去，无穷无止。假如镜子不是平行的，而是成一定角度，那就不能确保看到的是无穷无尽的反射了。

水中捞月

准备材料：脸盆、清水。在一个有月亮的晚上，把装满清水的脸盆端到阳台上，会看到盆里装着一个月亮。当我们试着用水触碰水面，便会发现盆中的月亮消失了，月亮是捞不到的，它只能挂在天上，盆里的月亮是不存在的。这是为什么呢？有月亮的夜晚可在天上看到一个月亮，在水中也可以看到一个"月亮"。水面相当于平面镜，根据平面镜成像的特点可以知道，水中的"月亮"实际上是月亮在水中的虚像，当然是不可能捞到的。

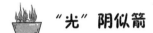

"光"阴似箭

实验目标

我们从小孔经过会成倒立的像，那么光经过细缝时会产生衍射现象。

实验材料

日光灯、铅笔、桌子

实验操作

首先打开日光灯。在灯下把两支铅笔靠在一起，在铅笔中间留一个细缝。

再让铅笔之间的细缝与日光灯灯管平行，透过细缝观察，可以发现桌子上出现一条跟细缝的宽度相对应的亮线。

将铅笔之间的细缝变窄，发现桌子上被照亮的范围远远超过了光的直线传播所能照亮的范围，并且出现了明暗相间的条纹。

科 学 原 理

这个实验展现了光的衍射，即在光的传播过程中，当光线遇到障碍物时，它将偏离直线传播，这就是所谓光的衍射。光的衍射不仅使物体的几何阴影失去清晰的轮廓，在边缘还会出现一系列明暗相间的条纹。光是一种电磁波，当它通过缝隙时，假如缝隙狭窄到一定程度，缝隙后面就不再是由光的直线传播而产生的一小片亮区，而会出现明暗相间的条纹，这就是光的衍射现象。假如缝隙变得更窄，则条纹间距会变得更大。明暗相间的条纹是光波互相叠加的结果，明条纹是叠加后的加强区，暗条纹是光波叠加后的减弱区。

透过羽毛窥火

准备材料：羽毛、蜡烛。首先在黑暗处点一支蜡烛；站在蜡烛前一米处，手拿羽毛紧贴眼睛，透过羽毛缝隙看烛光；能看到排成X形的多个火苗，闪烁着光谱中的七种颜色。这是什么原因呢？透过羽毛缝隙看到的是光的"衍射"现象。因为在均匀排列的羽毛缝隙中，存在着边缘孔隙，光线经过时就被"折断"，引向另外的角度，光谱中的颜色也就被分散开了。我们眼前的羽毛孔隙有很多个，那么火苗也衍射成了多个。

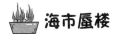 海市蜃楼

实验目标

通过实验认识像，即从物体发出的光线经平面镜、球面镜、透镜、棱镜等反射或折射后所形成的与原物相似的图景。像可分为实像和虚像。

实验材料

晴朗炎热的天气、柏油路面和行驶的汽车

实验操作

首先走到一段笔直的路面向前看，你会看到一个小水潭在阳光下闪烁。然而迎面开来的汽车刷地穿过这个水潭，却没有溅起一滴水。

然后走进观察，发现小水潭只不过是个"虚幻的湖泊"。再向前看，远处的路面又会产生另外一个同样的幻景。这就是海市蜃楼。

 科学原理

当天气炎热的时候，从柏油路面上升起的空气比其上方的空气温度高，来自天空的光在穿过冷热空气的边缘时，发生了折射。光线改变了方向，向我们的眼睛方向弯曲。因此，我们所看到的小水潭实际上是天空在地面上的影像，并让你产生水的幻觉。

 小游戏

小型太阳灶

准备材料：放大镜和火柴。首先把放大镜对准太阳，在地上可以看到它折射的光线；调整放大镜的角度，让光线聚成一点；让火柴的位置恰好处在这一焦点上；一会儿，"吱"的一声，火柴就着了。这是为什么呢？照射到放大镜上的平行光线，透过玻璃之后被聚集到了一个点上，这就是放大镜的焦点。焦点处的阳光越聚越多，温度也随之升高，最后使火柴本身的温度升到燃点以上，尽管没有明火，火柴也被点燃了。

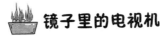

镜子里的电视机

实验目标

光线都遵循光的反射定律，只有当光线垂直射入镜面时，反射光才能沿原方向发射回去。

实验材料

电视机、电视机遥控器、镜子

实验操作

首先我们站在放电视机的屋子外面，让一个小朋友拿着镜子，调好角度，保证我们可以从镜子中看到电视。

再把遥控器对准镜子中的电视，按下遥控器，电视将乖乖地听从我们的指令。

科学原理

这个实验涉及两个规律，光束和红外线。光束，即呈束状的光线。光束包含多组光波，它们大都向同一个方向传播。红外线，指的是波长比可见光长的电磁波，在光谱上位于红色光的外侧。实验中，电视的遥控器是一把光束枪，它可以反射出人眼看不见的红外线。我们在镜子里看到了放在屋里的电视，是因为光线被镜子反射后有一部分光线射进我们的眼睛中。那么当遥控器对准镜子，红外线的光束被镜子反射后，其红外线信号也会被电视的光探测器捕捉到，这样电视机就乖乖听话了。

"看"到了声音

准备材料：易拉罐、保鲜膜、胶布、镜片。首先把易拉罐两头剪去，拿保鲜膜蒙住一端，用胶布固定。将一块纽扣大小的镜片粘在保鲜膜上；再站在距离一面墙三四米的地方，对着太阳，让保鲜膜上镜片反射的光能投射到墙上；对着易拉罐敞口的一端喊出声音，随着喊出声音的音高音长的变换，墙上反射的镜片的光会有不同的振动情况。之所以出现这样的现象，是因为声带振动发出的声波能使保鲜膜振动，从而带动那上面的小镜片振动起来，墙上的光影就显示了镜片的活动情况。光影做不同程度的起伏跳跃，其实就是声音振动空气的情况，我们不仅听到了声音，还看到了光影，也可以说是"看"到了声音！

 消失半截的光线

实验目标

　　生活中大部分物质都是不透明的，因此它们不透光；透明物质和半透明物质是能够透过光的，但是它们透光的能力也大不相同。所以当一样的光照在透光能力不一样的物体上时，所看到的结果也不太一样。

实验材料

　　手电筒、透明纸、玻璃片、陶瓷杯、玻璃杯

实验操作

　　首先我们来到一个有白色墙壁的房间里，然后把玻璃杯、陶瓷杯、玻璃片和透明纸都放在白色的墙壁前面。

　　再打开手电筒，然后把手电筒的光对准上述物体。这个过程要注意关上灯或者拉上窗帘，不要让光线进入房间。

　　最后在墙上认真观察这些物体，发现陶瓷杯后面的墙上出现了一团阴影，光被完全截掉了。玻璃杯、玻璃片和透明纸背后墙上有淡淡的影子，好像光线被截掉了一部分。

科学原理

　　这个实验展现了影子，即不透明物体阻光形成的暗影，影子的清晰度取决于光源。陶瓷等物质会阻碍光的传播，光射在这些材料制成的物体上面会被反弹回来，所以当光照在陶瓷杯子上时，杯子的后面没有光线，只呈现出一团阴影。而光是可以穿透玻璃、透明纸等物质的，但是在穿过这些物

质时，光会失去一部分光能，从而使得光能减少，亮度变小。因此，光照在玻璃杯、玻璃片和透明纸上时，墙面上会呈现出淡淡的影子。

和影子做游戏

　　准备材料：布、纸张、沙子。在一个较为广阔的空地上，

当小朋友们听到信号四处追逐跑去踩同伴的影子，自己影子被踩到的小朋友就算被捉到，此时应站在指定的位置，停止游戏一次。也可以让小朋友们根据自己的想法尝试各种方法，使自己的影子朋友产生变化，以变出的影子朋友多的一组为胜。也可以让小朋友根据猜想尝试用各种物品盖影子，想办法让自己的影子藏起来，小朋友之间可以分享藏影子的办法。通过这些小游戏让小朋友们感知日常生活中的影子现象，发现影子会随着人们的活动而变化，探索改变影子的方法，并体验影子带来的乐趣。

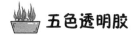

五色透明胶

实验目标

通过这个实验，让小朋友认识光的偏振，即横波的振动矢量（垂直于波的传播方向）偏于某些方向的现象。

实验材料

透明胶带、透明塑料板、偏光板

实验操作

首先将胶带裁剪成适当的长度，随意贴在透明塑料板上。

再用两片偏光板夹住透明塑料板，使两片偏光板和透明塑料板重叠在一起。

最后将三片重叠在一起的板子放在阳光下，我们就可以欣赏到五彩斑斓的颜色。稍微移动两片偏光板，颜色就会不断地变化，呈现出美丽缤纷的颜色。

科学原理

这个游戏和光的偏振有关系。我们所使用的透明胶带具有旋光性，即具有能使偏光的振动平面旋转的性质。假如偏光照射到透明胶带上，就会使振动平面旋转，从而产生扭曲的现象。把三片重叠在一起的板子放在阳光下，阳光透过偏光板进入，就会产生偏光。而此时，中间塑料板上的透明胶带就会使偏光的振动平面旋转。从另一片偏光板看，我们眼前自然就出现了鲜艳美丽的色彩。

太阳镜的秘密

在阳光充足的白天驾驶汽车，从路面或周围建筑物的玻璃上反射过来的耀眼的阳光，常会使眼睛睁不开。由于光是横波，所以这些强烈的来自上空的散射光基本上是水平方向振动的。因此，只需带一副只能透射竖直方向偏振光的偏振太阳镜便可挡住部分的散射光。

一封未拆开的信

实验目标

通过光的传播速度，我们不用打开信件，就可以看到信中的内容。

实验材料

未拆开的信、发胶水

实验操作

首先我们在信封上喷一些发胶水，过一会儿就会发现，信封变成透明的了。我们甚至可以清楚地看到信封里面的内容。

几分钟后，信封渐渐恢复原样，一点儿也看不出这封信有任何变化。

科学原理

这个实验涉及了光的传播速度，也就是我们通常所说的光速，是指光在真空中的传播速度。光在真空中的传播速度大约是30万千米/秒。其实，光的传播速度在不一样的物质里有所差别，这就使得当光从一种物质进入到另一种物质时，会在两种物质的临界处发生弯曲。实验中用到的信封是空气和纤维构成的。当光进入纸时，会在纤维和空气的交界处发生弯曲，光只能在纸的内部四散开来，所以我们不能透过信封看到里面的字。当我们向信封表面喷发胶时，纸张内部的空隙充满可与纤维以相同速度传导光的物质。对光来说，这时的信封变成了一个质地均匀的整体，所以光通过时既不会弯曲也不会发散，信封变得透明，里面的字迹就能够看到了。此外，发胶是高挥发性物质，它快速挥发后，根本不会留下任何痕迹。

雷电现象

在下雨天，我们距雷电出现的距离是多少呢？我们可以在雷电天气时测算一下。先以看到闪电为准开始计时；在听到雷声停止计时，要操作准确；让我们算一算，声速是每秒340米，乘上计时的数字，就知道雷电发生的地方与我们的距离了。

揭谜：出现雷电时，闪电和打雷其实是同时发生的。我们之所以会先看到闪电，后听见打雷，是因为光的传播速度要比声音的传播速度快。常温下，光的传播速度是30万千米/秒，而声音是340米/秒。雷电在天空某处发生时，以闪电为开始标志，测出那之后的雷声"走"了多长时间到我们耳边，又知道了声音的速度，就可以用乘法算出距离了。

光线弯曲传播

实验目标

众所周知，光是直线传播的，但其实光除了可以折射、反射等，还可以沿着弯管传播，即让光线看起来像弯曲的一样。

实验材料

无盖的硬纸盒（比较深的）、手电筒、橡皮泥、胶带、黑色颜料、剪刀、塑料管、毛笔

实验操作

首先用毛笔蘸上无光的黑色颜料，涂满纸盒，让其自然干燥。

再在盒子的一侧扎一个小洞，然后把塑料管插入盒中，把管子的一端留在外边（只需要留一小截即可）。

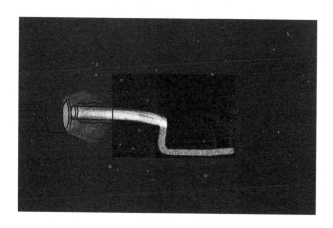

这时在盒外的管子周围粘上橡皮泥，目的就是阻挡光线，不让光线入洞。

最后拉上窗帘或者关上电灯，然后，打开手电筒，通过露在外面的管子向盒子里面照射，就能够看到光顺着弯曲的管子行进。

科学原理

光源，也就是发光体，指的是自身可以发光的物体。一般而言，光线能够沿着一条弯道传播。来自光源的光，通过弯曲的塑料管时，被塑料管壁全反射，所以光就不再是直线传播，而是顺着弯曲的管子传播。

自制眼镜

找两个直径30～40毫米的塑料瓶盖，用烧红的针，在瓶盖中间扎一个直径约1毫米的小孔；在瓶盖两侧各扎两个小孔，用线穿起来，就做成了一副眼镜；戴上这副眼镜，便能看清楚周围的一切，不管是300度、500度的近视眼，还是远视眼，戴上它都能看清楚。这是因为人眼睛的视网膜就好像是个光屏，一般情况下，近视眼或远视眼的人，不是物体成像在视网膜之前，就是成像在视网膜之后，成像不在视网膜上，所以看不清楚，加了小孔之后，不管近视远视，物体都能在视网膜上成像，所以看得清楚了。

第 2 章

温度的百变魔法

生活中，温度是一个特别的存在，而冷与热组成了一个奇妙的物理世界。可以说，冷与热是组成物质的大量分子做无规则运动的表现。当物体热一些，其内部分子运动得就剧烈一些；物体冷一些，分子热运动就会慢一些。冷与热，构成了温度的百变魔法。

魔法硬币

实 验 目 标

通过热胀冷缩的原理，硬币可以通过原本无法过去的狭小空间，它可以随意地变大缩小。

实 验 材 料

火柴、长钉子、泡沫、硬币、镊子、蜡烛

实 验 操 作

首先把硬币放在泡沫上，在硬币边缘插上两颗钉子。钉子间的距离要与硬币的直径相等。

再水平着移动硬币，发现此时在两颗钉子之间，硬币正好可以通过。

点燃蜡烛，用镊子夹住硬币，放在蜡烛上烧一会儿。

把硬币平放在两颗钉子之间，试着让硬币通过钉子之间的空隙。你会发现硬币变"胖"了，无法再通过钉子之间的空隙了。

最后放下硬币，等待其完全冷却后，再把硬币平放在两颗钉子之间，硬币又能顺利通过钉子间的空隙了。

科 学 原 理

这个实验所解密的是热效应。当物质加热之后，吸收的能量使分子运动得更快，范围更大，因而占据更多的空间。温度变化足够大时，物质会从一种状态改变为另一种状态。固体加热到足够高的温度时就会熔化；液体加热到一定温度时就会沸腾变为蒸汽。当我们把硬币放在蜡烛上烧了一会儿，硬币就受热膨胀，体积就会比原来的大。这时把硬币放在两颗钉子之间时，硬币自然就会卡住。稍等一会儿，硬币因冷却恢复原状，自然就又可以从钉子之间通过了。

切冰块

我们用金属丝来切冰块，金属丝也确实通过了冰块，但不可思议地是冰还会黏合在一起。这是为什么呢？用细铁丝把两个装满水的饮料瓶连在一起，再准备一大块冰；将铁丝横在冰上，用水瓶的重量把冰块切开；铁丝向下移动，过会儿，切开的冰又恢复了原状。这是由于金属丝的压力使接触金属丝的冰融化了，金属丝一点一点地把冰切开了。但是，一旦金属丝通过冰块后，冰马上又被冷却，再次冻合了。

飞起来的孔明灯

实验目标

通过这个实验，揭示盖·吕萨克定律，这是关于气体热学行为的五个基本实验定律之一。也就是说，一定质量的气体，当压强保持不变时，它的体积随温度变化，温度越高，体积越大。

实验材料

薄纸、竹条、剪刀、胶水、火柴、细铁丝、酒精棉球

实验操作

首先把薄纸剪成若干张纸片。将第一张纸片的一边与第二张的一边粘在一起，再粘第三张、第四张……依次粘上去，直到拼成一个两端镂空的球状物，像一个灯笼一样。

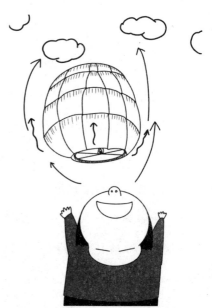

再剪一张圆形薄纸片，把上面的圆空口糊住。等到胶水干了以后，把纸气球吹胀。

把一根薄而窄的竹条弯

成与下面洞口一样大小的竹圈，在竹圈内交叉两根互相垂直的细
铁丝，并系牢。然后把竹圈粘在下面洞口的纸边上。注意糊成的
纸气球除了开口以外，其他部分不能漏气。然后，把酒精棉球扎
在铁丝中心，这样，孔明灯就做好了。

最后点燃酒精。过一会儿，我们就可以看到孔明灯由平地
升向了天空。

科学原理

这个游戏利用了空气受热膨胀的原理，与盖·吕萨克定律
有关。当我们点燃酒精棉球时，孔明灯内的空气受热，体积就
会膨胀，就会向外跑一部分，这时孔明灯受到的空气浮力大于
灯的自重和内部的空气自重之和，所以就会飘起来。

水中的火柴

我们可以跟小朋友做这样一个小游戏：在水中的火柴，
任你指挥。把木片和火柴放在水面上；把方糖放入水中，火
柴和木片就会向方糖方向靠拢；如果把肥皂放入水中，火柴
和木片就会向四周散开。这是由于糖溶于水后，水面的表面
张力增大，火柴和木片就会向表面张力大的地方移动；当肥
皂溶于水中后，水面的表面张力减小，火柴和木片就朝相反
方向移动。

妙煮生鸡蛋

实验目标

当我们拿着一面凹凸镜，将太阳光聚集起来再反射出去，温度足以使东西在瞬间融化。

实验材料

较大的铝箔（锡纸）、旧扑克牌、装有热水的小锅、生鸡蛋、剪刀、胶带、小细木棒

实验操作

首先选一个晴朗的天气，把装有热水的小锅放在阳光下的草地上。

再用剪刀把铝箔剪成20份，每份都是扑克牌的两倍大。然后把铝箔发亮的一面朝外，包在扑克牌上，做成20面小镜子。最后在每个小镜子下方粘一根小木棒，用胶带固定好。

把小镜子插在草地上，让它们反射的光线聚集在锅里。

把生鸡蛋放进锅里，一段时间后，锅里的水沸腾起来。再过几分钟后，锅里面的鸡蛋就熟了。

科学原理

这个游戏揭示的是聚集，指使光或电子束等聚集于一点。铝箔是一种不透光的材质，所以照过来的太阳光基本都被铝箔

反射出去了。调好角度，这些被反射的光线聚集在锅里，产生了很大的热量。锅里的水吸收了这部分热量后，温度上升。水持续吸收热量，就会达到沸点并沸腾起来，于是鸡蛋就被煮熟了。

有想法的牙签

我们把糖和几根牙签摆放在水中，牙签会向糖游去，很有意思，就像要抢糖吃似的。在平底浅碟中加水，把方糖放在水中央；将六根牙签放在水面上，与方糖保持一定距离；方糖溶解后，牙签会向方糖所在的方向游去。原因在于当糖在水中慢慢溶解时，形成了糖溶液，它的密度比水要大，是往下沉的。糖溶液下沉的过程中引起了水流变化，水的运动方向在牙签下面形成一个循环，就会带着它向方糖所在的中心位置靠拢，好像是牙签被吸引了过来。

跳舞的水珠

实验目标

电炉的灶板很热，小水珠滴在上面应该会蒸发吧，但其实小水珠在上面不但安然无恙，而且还会欢快地跳动，这是因为蒸汽层的关系。

实验材料

电灶灶板、水

实验操作

首先插上电灶的插头，给电灶的灶板加强热。

等一会儿，滴少许水在灶板的内槽中，让它们在内槽上成水珠状态。

经过认真观察，我们会发现尽管灶板温度非常高，但是水珠并没有蒸发，而是在灶板上不停地颤动，像在欢快地跳舞一样。

科学原理

这个游戏揭示了蒸发的科学规律，即液体温度低于沸点时，发生在液体表面的汽化过程。在一定温度下，只有动能较大的液体分子可以摆脱其他液体分子的吸引，离开液面，所以温度越高，蒸发越快。此外，表面积大、通风好，也有利蒸发。小水珠之所以在高温下不会蒸发，是因为小水珠上裹着一层蒸汽层。这层蒸汽层就像是一个保护套，使得外面的热量不容易进入水珠。这样水珠就不会蒸发，也不会达到沸点。但是在这个游戏中，电灶一定要加强热，否则滴在灶板上的水马上就会蒸发掉。

"分家"小游戏

混合在一起的铁屑、木屑、沙子和糖，怎样才能把它们分开？我们可以通过最简单、最快捷的办法：先用磁铁从混合物中吸出铁屑；再把混合物倒入水中，这样，木屑就会浮起，用纱布把木屑打捞上来，就只剩沙子和溶解的糖了；把剩余的水倒入锅中，就可以捞出在水底部的沙子；倒入锅中的水，加热至完全蒸发后，就还原成糖了。这是因为针对铁屑、木屑、沙子、糖的不同性质，我们可以找到分离它们的简单途径。铁屑能被磁铁吸引；木屑密度小，会浮在水面；沙子密度比水大，自然沉底；糖不同于那三样固体物质，它可以溶于水，只要加热糖水，待水分蒸发，就得到固体的糖了。

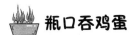

瓶口吞鸡蛋

实 验 目 标

由于大气的压力，即便开口比鸡蛋小的瓶子却可以把鸡蛋吞下去，而且瓶子和鸡蛋都没有破裂。

1   2   3

实验材料

口比鸡蛋略小的瓶子、去壳的熟鸡蛋、纸、火柴

实验操作

首先把鸡蛋放在瓶口上，使鸡蛋刚好掉不下去。

从瓶口上拿开鸡蛋，用火柴点燃白纸，然后快速地把纸放进瓶子里。

等到瓶内的纸快要熄灭的时候，把鸡蛋再次放在瓶口上。

最后鸡蛋乖乖地掉进瓶子里了。

科学原理

这个瓶子吞鸡蛋的游戏就是借助了大气的压力，也就是大气压的作用。瓶子里的纸燃烧，消耗掉了瓶子里的氧气。瓶子里的气压变小，瓶子外的气压就可以把鸡蛋压到瓶子里。看上去，就好像瓶子吞下去鸡蛋一样。另外，由于去壳的鸡蛋本身有一定的弹性，受到压力时会发生形变，这样鸡蛋就掉进瓶中了。不过在这个游戏中，瓶口不能太小，毕竟鸡蛋的形变是有限度的。

神奇的蓝墨水

我们在注射器里灌满水，把橡皮套在注射器上；针头与胶管垂直，扎入胶管壁，停在胶管中间，针尖的斜口朝前；针头插入蓝墨水中，推动注射器活杆，由橡胶管中喷出的是蓝水。当我们推动注射器后，胶管里的水流动加快，快速流动的水的压强比静止的水的压强要小。外界的大气压就把原本静止的蓝墨水压进胶管里了，看起来好像是被竖直吸了上去。

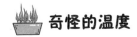 **奇怪的温度**

实 验 目 标

通过实验，我们可以用瓶子和吸管制作一个特殊的温度计，这是根据液体热胀冷缩的性质制成的。

实 验 材 料

汽水瓶、透明吸管、橡皮泥、红色颜料、水、冰箱、直尺、笔

实验操作

首先在汽水瓶中注入一大半的水，并放入一些红色颜料。

再用直尺在吸管上做标记，每隔1厘米画一个符号。

把吸管插入汽水瓶，然后用橡皮泥把瓶口密封好。这样自己制作的温度计就做好了。

最后把自制温度计分别放在太阳下面或者暖气片旁边，记下吸管中的水位。然后再把它放到冰箱里，记下吸管中的水位。比较吸管中的水位，发现吸管中的水柱在温度较高的环境中会上升，在温度较低的环境中下降。

科学原理

温度，也就是某物体含有的热能的多少，是物体冷热的程度。我们把温度计放在一个温度较高的地方时，汽水瓶里的空气受热膨胀产生的压力将水压进吸管，这时水柱就会上升，外界温度越高，水柱上升的高度越高。当外界温度降低时，瓶子里面的空气遇冷会收缩，吸管中的水柱就会下降。所以，我们看到自己制作的温度计能够随着环境温度的变化而调整水位。

冰块融化了

我们在两个杯子里倒入等量的凉水，把两个冰块分别放在两个玻璃杯中；拿小木棍把其中一个冰块压到杯底，不让它浮上来；10分钟后，用温度计测量两个杯子里的水温，会发现冰块浮在表面上的那杯水温度要低一些。这是由于冰块融化吸收热量，这使得它周围的空气温度降低，冷空气带走水的热量，也使水温降了下来，所以浮在表面的、与空气有接触的冰块令水降温快。而当冰块被压在杯底时，受冷的只是杯子和冰块相接的那部分水，这就使水温降低得慢一些。

炫舞的"蛇"

实验目标

由于冷锋与暖锋的交替，使空气中也存在着力量，尤其是在热空气的驱动之下，即便是纸做的蛇也开始炫舞了。

实验材料

纸、小木棍、细线、剪刀、直尺、铅笔、电炉

实验操作

首先用尺和铅笔在纸上画一个正方形，在正方形上画一根螺

旋形的纸条。

再用剪刀沿着线条将正方形剪开，形成一个螺旋形的纸条，并在线条一端的正中间做一个小孔。

把细线的一头穿过纸条上的小孔，另一头系在小木棍上方。

最后打开电炉，把纸条放在电炉上方，可以看到纸条在电炉上方旋转起来。

科学原理

冷锋指的是冷气团向暖气团方向移动的锋，暖气团被迫上滑。锋面坡度较大，冷暖两方中，冷气团占据主导地位。暖锋指的是暖气团向冷气团方向移动的锋。暖气团沿冷气团向上滑升，锋面坡度较小，冷暖两方中，暖空气占据主导地位。我们打开电炉后，电炉上方附近的空气被加热，气体膨胀起来，密度减小，所以热空气就要上升。热空气在上升途中，撞在了纸条上，一部分气流进入到螺旋状的纸条中，从而引起了纸条的转动。空气中的冷锋和暖锋间的相互作用就是这样。

水晶玻璃球

小朋友喜欢吹肥皂泡吧。那你知道吗？那飘浮在空中的美丽的肥皂泡，是可以冻成五颜六色的水晶玻璃球的。把冰箱温度调到强档；用吸管在盘子上吹一个球形的肥皂泡；将装肥皂泡的盒子快速放入冰箱，冷冻20分钟。由于肥皂泡大部分是由水构成的，所以在破裂之前迅速冷却在0℃以下，泡泡就会冻结，我们就会看到美丽的冰冻泡泡了。

扩散的红墨水

实验目标

物质是由大量分子组成的，然而分子世界里的成员，每个都不安分，它们永不停息地做着无规则的运动。当给物体加热时，实际上使分子变得活跃了起来，让它们的混乱运动加剧了。

实验材料

红墨水、滴管、透明水杯、冷水和热水

实验操作

首先在一个玻璃杯里装入冷水，另一个玻璃杯装入热水。

用滴管吸入一些红墨水。

然后分别在每个杯子中快速地加入一滴红墨水，可以看到两个杯子里的红墨水以不同的速度散开了。

科学原理

分子，也就是物质中能独立存在并保持本物质一切化学性质的最小微粒。分子是由原子用化学键结合在一起而构成的，原子之间的作用力比较强，不过分子之间的作用力却相当弱。所以分子在一定程度上表现出独立粒子的行为。分子可以由同种原子组成，也可以由不同种类的原子组成。游戏中的红墨水扩散表明了水分子在不停地运动着，而热能会加速水分子运动。所以，在游戏中我们可以发现，冷水染色的速度比热水要慢，当水温较高时，热能会让水分子移动加快，使得红墨水扩散得更快。

相遇的彩云

我们让温度不同、颜色不同的水在同一空间"相遇"，就制成了由下向上升腾的"彩云"。首先在大瓶中装2/3的水，小瓶加满蓝色热水，用塑料膜扎紧；小瓶颈系上可供提拉的线；把小瓶平稳地放在大瓶的瓶底；小孔里冒出水珠，会像云彩一样散开。

这里所阐述的科学原理是：热的蓝墨水与大瓶中的水相比，温度要高，因而更轻一些，就会涌出小瓶，不断上升、扩散，周围的水又不停地流过来补充，便出现了对流。墨水的颜色令对流明显呈现出来。

纸飞机

实验目标

利用气流所产生的升力，制作有着狭长机翼、机身外形细长、呈流线型的纸飞机。

实验材料

A4纸、铅笔

实验操作

首先在A4纸上沿中间画一条线，把上面的两个角对准中线往下折。

再把上边的两个角往中线折。

把纸沿中线向内对折，然后把两翼往两侧折，底边对齐。

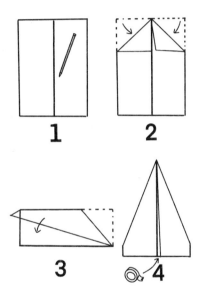

把两翼粘起来，我们自己制作的纸飞机就可以飞行了。

科学原理

这个游戏中所呈现的升力，指的是空气和物体相对运动时，空气把物体向上托的力。我们自己制作的纸飞机之所以可以飞出去，而且飞得比较平稳，是由于它的形状呈流线型。空气可以轻松地从

机身旁流过，而不会减慢飞行的速度。真正的飞机即使没有发动机也可以在空中滑翔，其原理就是利用了气流所产生的升力。这是因为暖气流比冷气流轻，更容易托着飞机一起往上升。

自制云雾

我们在饮料瓶中放入少许烟灰并盖上盖儿，用泵往瓶里压入空气，瓶中就会腾起洁白的云雾。在瓶盖上开一个可插入泵头的孔，操作过程中要注意安全；用水把瓶子内壁湿润，注入香烟灰；插入泵头，用胶布固定好，再向瓶内注空气；压力达到一定程度，空气挤出来，泵头飞出；瓶中腾起了白云。

科学原理：云是由水蒸气在尘埃的周围集合起来所凝固形成的物质。当在瓶内注入空气，空气就不断受到压力作用，在泵头飞出去的瞬间又被减压，温度下降，形成水蒸气与烟灰结合，从而形成云雾。

看不见的热量

实验目标

能量是可以相互转化的，既然动能可以转化为热能，那么热能也可以转化为动能。

实 验 材 料

细铁丝、蜡烛

实 验 操 作

首先把铁丝在同一位置快速地前后弯折30~50次。

再迅速把铁丝弯曲的部分放在蜡烛上。

最后认真观察，我们可以发现接触到铁丝弯曲处的蜡烛部分立即融化了，形成了一个凹槽。

科 学 原 理

这个实验揭示了功和热能的现象，功是可以产生力量来推动或改变一个物体状态的情况。功的两个不可缺少的要素是力和在力的方向上运动的距离。热能则是物质燃烧或物体内部分子不规则地运动时放出的热量。当我们快速地前后弯折细铁丝时，对铁丝施加了力，这个力对铁丝做功。这个过程中，动能转化为热能，产生了热量，使铁丝的弯折处温度上升，进而熔化了部分蜡。

纸杯烧水

当纸靠近蜡烛的火焰，很快就燃烧了。但是，装水的纸杯却不会燃烧，还能把水烧开。我们来做一个小游戏，首先在纸杯内装半杯水；纸杯不会燃烧，过一会儿，纸杯中的水却沸腾起来。

这个游戏所阐述的科学原理：纸要燃烧需达数百摄氏度的燃点，纸杯装了水，在蜡烛上加热，从火焰上得来的热量全部被水吸收了，没有达到纸杯的燃点（水的沸点为100℃）。因此纸杯没有燃烧，而水却沸腾了。

 空杯子先凉了

实验目标

由于物质的比热和热量的关系，我们将空杯子和装了水的杯子放在冰箱里，发现空杯子会先凉了。

实验材料

两个玻璃杯、水、冰箱

实验操作

首先在一个玻璃杯中注入适量的水，然后与另一个空玻璃杯一起放入冰箱。

等待20分钟之后，从冰箱里取出两个玻璃杯。摸一摸这两个杯子，我们会发现空玻璃杯比装了水的玻璃杯要冷得多。

科 学 原 理

　　这个游戏揭示了比热和热量的现象，比热，也就是比热容，是单位质量物质的热容。热量是当热力学系统与外界之间或热力学系统各部分之间存在温度差时，其间传递的能量。空杯子看起来里面什么东西也没有，其实充满了空气。空气的比热比水的比热小，所以会比水更快地释放出能量。而与空气相比，水可以将热量储存起来，从而使得杯子的温度不会下降得太快。所以，正如我们所感觉到的那样，空杯子先凉了。

烧不坏的钞票

　　我们用火柴试着点燃被酒浸泡过的钞票，虽说火焰猛窜，但没有关系，钞票不会燃烧起来。把钞票在酒中浸湿；再用干燥剂干燥；放在烟灰缸中点燃；火焰虽然熊熊燃烧，但熄火后，钞票却没有烧着。

　　这个游戏阐述的科学原理：液体与固体变为气体时叫作汽化。在这个小实验里，钞票上沾有的酒成分迅速汽化，是这种成分燃烧了，所以钞票安然无恙。

水火并存

实 验 目 标

我们利用冷却现象，可以呈现水火并存的奇景。

实 验 材 料

蜡烛、大头铁钉、大玻璃瓶、水、火柴

实 验 操 作

首先向大玻璃瓶中注入适量的水。

再把铁钉插入蜡烛的下部，以固定好蜡烛。

这时把蜡烛放进水里，只留一小部分在外面，然后用火柴点燃蜡烛。

过一会儿，我们会发现，尽管水面上的蜡烛已经渐渐燃尽，但是蜡烛的火焰却没有熄灭，仍然在水中继续燃烧。

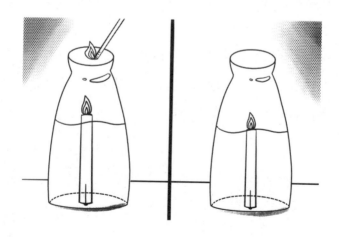

科学原理

这个实验呈现了冷却的现象，冷却指物体的温度降低或使物体的温度降低的现象。蜡烛燃烧形成的蜡液经水冷却后构成了一层很薄的外壁，这层外壁将水和火焰隔离开来，这样火焰遇水时就不会熄灭，而是继续燃烧。因此，我们就能看到水火并存的奇景了。

水逆流而上

俗话说"人往高处走，水往低处流"，但我们通过实验可以实现"水往高处流"。装满一瓶红色的热水；把冷水瓶倒置过来对在热水瓶上；迅速抽出蜡纸。我们发现，热水瓶中的水向冷水瓶中流去。

这个游戏揭示的科学原理：和冷水相比，热水的相对密度要小一点。也就是说：同体积的热水是比冷水轻的。较轻的热水在连通的容器里上升，较重的冷水沉下来补充，就形成了冷热对流。这样就出现红水向上流的现象。

 **水沸腾的温度**

实 验 目 标

　　根据水沸点的定律，水即便在100℃以下也是可以沸腾的。

实 验 材 料

　　试管、比试管短的温度计、塑料袋、小冰块、水、橡皮塞、长木夹子

实 验 操 作

　　首先在塑料袋中放入几块小冰块，然后在塑料袋口打个结，封紧袋口，放置一旁备用。

　　在试管内注入四分之一的水，并把温度计倒放在试管内。

　　加热试管，并不时地摇动试管，以避免水突然沸腾，造成意外。水滚开后，继续加热几分钟。然后趁试管口冒白烟雾时，用橡皮塞轻轻盖在试管上，压紧橡皮塞，并把火焰熄灭。

　　用木夹子夹起试管，压紧橡皮塞，然后倒立试管，用事先准备好的装有冰块的塑料袋包住试管顶部，这时看见原本停止沸腾的水又冒泡了，再次沸腾起来。此时观察一下温度计的温度，发现温度不到100℃。

科 学 原 理

　　这个实验揭示了沸点的现象，沸点即在标准大气压下使液体沸腾的温度。在标准大气压下，每种液体的沸点是固定的。

液体的沸点受到压力影响，压力越大，沸点越高；反之，压力越小，沸点就越低。这个实验先加热试管使水沸腾，让水蒸气充满在密封试管的空间中，再用冰水袋包住试管，让水蒸气凝结成水，造成试管内低压状态。而且水袋越冷，试管内压力越低。这样即使没有达到100℃，试管内的水也可以沸腾。

冰花

我们把玻璃片放在热水盆旁，直到水汽沾满玻璃；把玻璃片放入冰箱，几分钟后，拿出玻璃片；玻璃片上结了层白色的冰花。这是为什么呢？

当玻璃外面的气温低于0℃时，房间内的水汽一遇到玻璃的低温就凝结成冰，也就是我们看到的冰花。先让玻璃靠近热水，使它上面附着水汽，再放进冰箱，让玻璃上的水汽遇冷而迅速凝结成冰，就是按照冰花形成的原理来制作的。

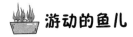

实验目标

在一定温度下，在液体表面和内部同时发生剧烈汽化现象。液体在沸腾时要吸热，但温度不变。

实 验 材 料

试管、试管夹、蜡烛、火柴、水、装有小鱼的鱼缸

实 验 操 作

首先在试管内注入九分满的清水。把小鱼从鱼缸中捞出，放入试管。

用试管夹夹住试管，以口朝上的方式倾斜。点燃蜡烛，然后把试管上方的水加热。

过了一会儿，试管里的水开了，传出了水开的声音，并可以看到水蒸气。而试管底部的小鱼却丝毫没有受到干扰，依然轻松自在地游着。

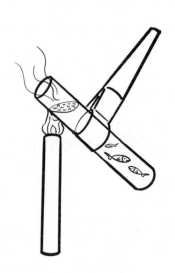

科学原理

　　小鱼不会被开水烫到是因为试管中的水不满足热对流所需的条件。在这个实验中，被加热的只是试管上方的水，而水在加热后会自然往上升，而不会向下流。因此，试管上方的水虽然沸腾了，却不至于影响其下方的水。因而，试管底部的小鱼能不受任何干扰，自由自在地游着。

乱舞的纸条

　　我们用剪刀把纸裁成30厘米长，5厘米宽的纸条；拿着纸条放在下嘴唇处，用力吹气，使气流向你脚尖的方向；任你怎么吹，纸条不但不下垂，反而倒卷上来，直冲着你的鼻子。

　　这个小游戏所揭示的科学原理：对着纸条吹气的时候，从纸上方冲出的气流的速度比较快，降低了纸上方空气的压力。这时，纸下方的大气压力相对大于纸上方的空气压力，把纸条向上推，所以它会倒冲上来。

第 3 章

你所听到的声音

生活中，我们身边充斥着各种各样的声音。然而，小朋友们知道声音的秘密吗？在本章中，我们通过观察和实验会发现声音的秘密，那就是声音的传送方式主要靠的是振动，我们可以通过许多有趣的实验揭示出声音背后的奥秘。

返回的声音

实验目标

通过这个实验，我们可以知道声音是可以像拍到地上的皮球一样反弹回来的。

实验材料

能发出滴答声的手表、书、纸筒

实验操作

首先把两个纸筒排成八字形放在桌上，在纸筒后面立放一本书。

然后手拿着表靠在纸筒一端的开口，保持安静，仔细听，此时能听到表的滴答声。

最后取走立放着的书，此时，则听不到表的滴答声了。

科学原理

这个实验揭示的是声波反射现象，即声波在传播时，遇到障碍物会有返回的现象。声音是以波的形式在空气中传播前进的。纸筒的开口前如果没有立放书本，表发出来的滴答声经过纸筒，就会从筒口传出去，往四面八方散开。因为声音的响度是由声波的能量决定的，能量越多，声音就越大。所以声音散发出去的越多，声波里所剩的能量越少，耳朵就越难听到声音。如果在纸筒开口处立一本书，就可以把传散到四面八方的声波挡住，并且把大部分的声波反射回来。有的反射声波会弹回纸筒，然后传到耳朵中。声音如果传出去的越少，保留下来的能量就越多，听起来声音也就越大。

芝麻跳舞

在这个小游戏中，只要我们唱歌，芝麻就会开始跳舞。我们首先去掉易拉罐的上下盖，然后用胶水把透明玻璃纸贴在罐子上。这时不可以用胶带，一定要用胶水，用手指蘸水抹在透明玻璃纸上，水干了之后玻璃纸就会变得紧绷而平滑。这时把贴了透明玻璃纸的罐子倒转过来，放入几粒芝麻。用双手捧住罐子的两侧，对着玻璃纸上的芝麻唱歌，芝麻就会快乐地跳起舞来。这是因为：当我们唱歌的时候，喉咙声带产生振动，并通过空气传到纸片上，使纸片产生振动，由此带动芝麻跳舞。

 听，回声

实 验 目 标

生活中，我们经常会在空谷中听到回声，实际上利用简单的工具也是可以听到回声的。

实 验 操 作

碗（两只相同的）、滴答作响的手表

实 验 操 作

首先将一只碗放在桌子上，另一只罩在你的一只耳朵上。

然后把表放入桌子上的碗中，悬空提着，使表距碗底约3厘米。

最后身体前倾，使罩着碗的这只耳朵刚好处在桌上那只碗的正上方。我们会听到桌上那只碗中的手表滴答滴答走动的声音，声音好像源自我们耳边的这只碗。

科 学 原 理

回声就是指声波遇到障碍物反射或散射回来再度被听到的声音。如果听者听到由声源直接传来的声音和反射回来的声音的时间间隔超过十分之一秒，他就能分辨出是两个声音。这上面是一个关于回声的实验。当声波遇到密度较大的平面时就会发生反射。碗状物具有收拢声波的作用，就如同凹面镜具有聚焦光线的作用一

样。游戏中的两只碗帮助我们收拢了手表所发出的滴答声。

时有时无的铃声

我们先取下两个铁筒的上底，换上胶塞，塞紧筒口，使之不漏气。在每个胶塞的下面系一个小铃铛，用塞子塞紧筒口。摇动铁筒，两个铁筒都发出了悦耳的铃声。取下其中一个铁筒的胶塞，向筒中注入少量的水，把铁筒子放在铁支架上加热，使筒子中的水沸腾。等大部分的空气排出去后，快速塞紧胶塞，再把铁铜放入冷水中冷却。然后摇动铁筒，就听不到铃声了，而摇动另一个铁筒却仍然听得到铃声。

这个游戏所揭示的原理是，当加热后的空气全部排出去后，把密闭的铁筒放入冷水中冷却，这样铁筒里形成了真空，因此，再摇动铁筒就听不到铃声了。这说明声音可以在空气中传播，而在真空中是不能传播的。

 简单的助听器

实验目标

根据声音的传播规律，我们可以利用桌子做一个简单的助听器。

实 验 材 料

手表、木质桌子

实 验 操 作

首先将手表放在桌子的一端。

然后保持房间安静，坐在远离手表的另一端，堵住自己的一只耳朵，另一只耳朵贴在桌面上。

最后我们认真倾听，我们会清楚地听到手表所发出的滴答声。

科 学 原 理

声音的传播，是指声音以波的形式传递、前进。声音的传播需要媒质，它可以在固体、液体和气体中传播，但在真空中不能传播。上面这个实验与声音的传播有关，因为木头自身的特性使它比空气更适于传播声音。同样的，声音在空气中传播会遇到较多的阻碍，所以通过木质桌子听到的声音要远比在空气中听到的大。也正是这个原因，许多在空气中听不到的声音，我们可以通过固体这种媒质听到。

高音

我们可以准备一张玻璃纸，用双手的拇指和食指，把玻璃纸紧紧拉开，把手直接放在脸的前方，让玻璃纸正好位于嘴唇的前面。往紧紧拉开的玻璃纸边缘用力吹气，嘴巴要靠近些，朝玻璃纸边缘送出细细的气流。当气流碰到玻璃纸边缘时，我们会制造出听过的声音中最高最恐怖的声音。

这个游戏揭示的科学原理，我们嘴唇送出的快速移动的空气，使得玻璃纸边缘快速振动，因为玻璃纸非常薄，气流会使得振动十分快速，物体振动得越快，发生的音调也就越高，因而，玻璃纸就会制造出非常高的声音。

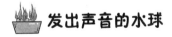
发出声音的水球

实 验 目 标

通过给气球内灌水，这个水球可以清晰地给我们传播声音。

实 验 材 料

橡皮薄膜气球、桌子、水、细线

实 验 操 作

首先吹一只气球，用细线将口扎好。

然后将第二只气球的吹嘴套进水龙头，慢慢地注入水。当这只气球的大小跟第一只气球差不多时，停止注水，用细线将口扎好。

最后将两只气球放在桌子上，用手指弹叩桌面。用耳朵贴着两只气球仔细倾听弹叩声，我们会发现盛水的气球能传出比较清晰的声音。

科 学 原 理

这个实验揭示了振动的现象，这是一种很有规律的来回运动。其特点是振动物体在来回运动；振动物体每次都要经过一个平衡位置，或者叫中间位置，它不偏向任何一侧。在这个实验中，声音可以传到我们的耳朵中是因为我们周围的空气受到了声波的振动。空气中含有很多微细的粒子即分子，分子与分子之间相隔着一定的距离。由于水分子之间相隔的距离要小得多，因此，它们传达声波的振动要容易得多。所以我们通过水球听到的声音更清晰。

疯狂的碳酸饮料

当我们摇晃装有碳酸饮料的饮料瓶，会听到奇怪的嘶嘶声。先准备一瓶还有四分之一的碳酸饮料。我们先站在室外，整个游戏过程中拇指都要紧扶瓶口，同时瓶口不可以对着别人和对着自己。首先用力摇动瓶子十次以上，认真观察，可以发现瓶中有很多的泡泡，泡泡上升到饮料表面。起泡结束后，重复上边的步骤，这时发现泡泡比第一次的少了，再摇动瓶子两个回合，发现泡泡越来越少。最后一个回合等起泡结束后，拧开瓶盖，可以听到瓶内有嘶嘶声音，而且会再度形成许多泡泡。之所以出现这样的现象，是因为饮料中含有溶入的二氧化碳气体，摇动瓶子时，气体分子聚集形成看得见的泡泡。浮在表面的泡泡中含有二氧化碳气体，它破裂后气体散出来，聚集在饮料的表面，饮料表面上的气体聚集越多。饮料表面承受的气体压力就越大，泡泡的数量就会减少。打开瓶盖时，液体上方的压力降低而立即形成许多泡泡。压力降低是因为瓶内的气体能扩散到整个瓶内及瓶外的空间中。打开瓶盖时，原本困在瓶内的气体快速从瓶口散出来，因此会发出嘶嘶声。

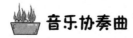 音乐协奏曲

实验目标

通过物体的质量特性，我们可以用高脚玻璃杯弹奏出一曲好听的音乐。

实验材料

高脚玻璃杯、水、滴管、筷子

实验操作

首先拿八个高脚玻璃杯，排成一字形。

然后以我们最右边的空杯子作为高音Do，依次向左加水开始调音，音阶分别为Xi、La、Sol、Fa、Me、Re和中音Do。音阶越低，杯中的水就要加得越多。

当我们调好音后，用筷子敲击高脚玻璃杯，就可以弹奏出悦耳的音乐了。

Do　Re　Me　Fa　Sol　La　Xi　Do

科学原理

物体的质量，表示物体惯性大小的物理量。数值上等于物体所受外力和它获得的加速度的比值。质量是常量，不因高度或纬度变化而改变。上面是一个关于声音振动频率与音调的实验。声音振动的频率与物质的质量有关系。物质的质量越大，发出的音调越低；相反，物质的质量越小，发出的音调越高。因此，杯中水最少的那个杯子发出的音调最高，杯中水最多的那个杯子发出的音调最低。适当调节高低音，就可以奏出悦耳的声音。

白纸唱歌

一张普通的纸也可以发出声音，我们可以通过一些方式来调整声音的大小。我们先准备一张A4纸、剪刀。首先把一张A4纸放在桌面上，然后对折，再反方向对折，这样就折成了四个部分。把纸展开，使中间两个部分凸起，并和外侧的两部分呈九十度直角，这时外侧的两部分也在同一水平面上，在凸起的部分剪一个小洞。用食指和中指夹住折好的纸，平面部分对着脸，嘴对着纸上的小洞吹气，我们就会听到"呜呜"的声音了。

这个游戏中的科学原理，当我们用力向小洞里吹气，纸凸起的两个部分之间就会由于气流的进入而抖动起来，这种抖动引起了空气的振动，于是就发出了"呜呜"的声音。如果我们试着改变折纸凸起部分的高度，声音就会有高低的变化。

看见"声音"

实验目标

利用声音声波的特性，我们可以通过这个实验看见"声音"的模样。

实验材料

气球、橡皮筋、剪刀、小镜子、胶水、空易拉罐

实验操作

首先去掉易拉罐的两端。

再把气球吹大，用橡皮筋将气球扎紧，粘在罐子的一端。

用胶水把镜子粘在气球上。

把做好的东西放在阳光可以照射到镜子的地方，移动罐子，直到反射的光线投射在墙壁上。

最后对着罐子开口的一端说话、唱歌。观察墙上的光线，我们可以发现自己发出的声音使反射光线发生了位置移动。

科学原理

声波是物体的振动在空气、水、钢管、地面等介质中传播的一种波。声波是一种机械波，是纵波，起源于发声体的振动。声音是靠声波振动来传播的，由于罐子上的橡皮筋吸收了声波的振动后开始振动，从而引起反射器即小镜子也发生振

动，由此造成了墙上反射光线的移动。

与声音亲密接触

准备材料：一米长的细绳子、铁勺。首先把铁勺拴在细绳子的中间，再把绳子的两端分别缠绕在双手的食指上，让绳子多缠几圈。把食指塞进耳朵里，让小朋友帮忙，用勺子碰撞坚硬的物体或墙壁，等勺子落下来把线拉直时，我们就会听到敲钟式的声音。

这个游戏揭示的科学原理，当铁勺碰撞到坚硬的物体时，铁勺子就会振动，接着我们就会听到声音。但是，我们的耳朵感受到的振动不是通过空气传播的，而是通过绳子和手指传到自己的耳膜里去的。通过这个小游戏，我们可以知道声音不仅能够在空气中传播，还可以在固体、液体中传播。

一声不响的铃铛

实验目标

通过真空的原理，我们在不破坏铃铛的情况下，让铃铛变得一声不响。

实验材料

同等大小的两个铁制圆筒、胶塞、铃铛、酒精灯、铁支架、水

实验操作

首先取下两个铁筒的上底，换上胶塞，要保证塞上胶塞后，铁筒不漏气。

然后在每个胶塞的下面系一个小铃铛，用塞子塞紧筒口。

摇动铁筒，我们会听到两个铁筒中都发出了清脆悦耳的铃铛声。

这时取下其中一个铁筒的胶塞，向筒中注入少量的水。把铁筒放在铁支架上加热。

最后等大部分空气排出后，快速塞紧胶塞，再把铁筒放入冷水中冷却，然后摇动铁筒，就听不到铃声了，而摇动另一个铁筒却仍然可以听到铃声。

科学原理

真空即压强远远小于大气压强的空间。空间里的气体越稀薄，压强就越小，而当气体足够稀薄时，这个空间就可以认为是真空了。当加热后的空气全部排出后，把密闭的铁筒放入冷水中冷却，这样铁筒内就形成了真空，所以再摇动铁筒就听不到铃声了。这个实验说明声音可以在空气中传播，但在真空中是不能传播的。

二重奏

准备材料：两个红酒玻璃杯、一根细铁丝。我们首先把两个玻璃杯并排放在桌子上，距离近一些，但不要彼此接触到，把细铁丝搭在其中的一个杯子上。用香皂把手洗干净，然后用潮湿的手指在那个没有细铁丝的玻璃杯沿上轻轻地划动。认真听，我们就会听到一种持续响亮的声音。同时，仔细观察搭在玻璃杯上的细铁丝，它会随着歌声轻微地振动。

这个游戏揭示的科学原理，当我们的手指轻轻在玻璃杯边沿划动时，玻璃杯由于受到冲击开始振动，这种振动传给了周围的空气，也会传递在第二个杯子上，于是我们就看到了细铁丝的轻微振动。如果把这个游戏用一句话概括的话，那就是酒杯和声的现象是由于空气的振动而产生的。

小喇叭

实验目标

由于声音传播速度与媒质密度的关系，我们可以用气球制作一个喇叭，让它发出的声音音量更大。

实验材料

气球、细线

实验操作

首先吹好气球，用细线将气球的吹口处扎紧。

然后把气球放在胸前，轻轻敲击气球，听听发出的声音，记住声音的大小。

最后让气球靠近耳朵，用同样的力气轻轻敲动气球的另一边，我们会发现自己听到的声音，比上次敲击的声音大。

科学原理

声音传播速度与媒质密度的关系，一般情况下，媒质的密度越大，声音的传播速度就越快；相反，媒质的密度越小，声音的传播速度就越小。这个实验正是涉及了声音传播速度与媒质密度的关系。当我们吹气球的时候，我们的肺把许多空气压入了气球，气球里的空气密度比气球外面的空气密度要大，因而里面的空气比外面空气的传声效果更好。所以，我们靠近气球时听到的声音比耳朵离开气球时听到的声音更大。

专属麦克风

准备材料：三根铅笔芯（一根长的、一根短的）、导线、小纸盒、剪刀、电池、耳机。我们首先用剪刀剪掉小盒子上方的盒盖，用剪刀在纸盒的前后两端各钻两个小孔，然后用两根长铅笔芯穿进小孔，两根铅笔芯基本平行。把短铅笔芯横架在两根长铅笔芯上，这样一个简单的麦克风就做好了。把做好的麦克风同时接上导线和电池，并与准备好的耳机一起接起来，让另外一个小朋友戴上耳机，我们对着小纸盒说话，耳机里就可以听到声音了。

这个游戏揭示的科学原理，铅笔芯是由石墨做成的，石墨是导体，接上电池后就会有电流通过，当我们对着纸盒说话的时候，纸盒底部就会振动。这样就会改变笔芯间的压力，电流变得不均匀。电流的不稳定造成了耳机中声音的振动，这样另外的小朋友就可以听到声音了。

有趣的钟声

实 验 目 标

利用声音的规律，我们可以用大汤匙制造出低沉悠远的钟声。

实 验 材 料

汤匙（不锈钢）、15米长的绳子

实 验 操 作

首先在绳子的中间系一个简单的滑环，中间留一圆环。

再把汤匙的柄套在圆环内，把环拉紧，以免汤匙滑掉。调整汤匙的位置，让勺比柄低。

最后把绳子的一端压在左耳外。然后，轻轻摇晃绳子，让汤匙的勺打到桌子边缘，我们就会听到低沉悠远的钟声，而不是汤匙敲在桌子上的声音。

科 学 原 理

声音指的是人耳能够感觉到的空气振动，也就是物体振动引起的空气压强的变化。一切发出声音的物体都在振动。实验中绳子传播声音的效果比空气好得多，而且可以把声音直接传入我们的耳朵。汤匙敲打在桌子边缘，引起振动，绳子传导了汤匙的振动，所以我们可以听到像钟声一样低沉的声音。

"吹"出来的声音

准备材料：纸、胶棒、剪刀、打火机、蜡烛、透明胶带、气球。我们首先把纸卷成一个圆筒状，然后用胶棒把它粘贴好。从气球上剪下两块橡胶皮，把它们分别蒙在圆纸筒的两端，然后用透明胶带固定好，在圆筒的一端用剪刀剪一个小孔。点燃蜡烛，让小孔对着蜡烛火焰的上方，然后用手猛烈拍击圆筒的另一面，使它发出声音，一会儿，烛火就熄灭了。

这个游戏揭示的科学原理，当物体振动时，周围的空气也随之振动，振动的空气把声波传到我们的耳朵，敲击着我们的耳膜，我们就听到声音了。当我们拍打圆筒另一端的表面时，会振动筒里的空气，振动的空气把声波通过前边的小孔传出来，熄灭了蜡烛。

 **纸耳机**

实验目标

根据声音的音量和媒质定律，我们可以用纸做一个简单的耳机，甚至可以清楚地听到声音。

实 验 材 料

一张纸、飞机上的小扬声器

实 验 操 作

首先将一张纸卷成圆锥形，把它插到飞机上插耳机的插孔中。

然后我们放开音量，远隔几个过道，就可以清楚地听到音乐声。

科 学 原 理

音量是指声音的强弱，也就是响度，它是人们主观上可以感觉到的声音的响亮程度。媒质是一种物质存在于另一种物质内部时，后者就是前者的媒质。某些波状运动借以传播的物体叫作这些波状运动的媒质。飞机座位上的扶手里面有小扬声器，扬声器在这里会发出声音，可以视作声源。当声音进入我们用纸做的圆锥体底部的尖端，就会使纸产生振动。当这个声波沿着纸向上传递时，越来越多的纸随之振动，音量也随之变大。由于声音在固体媒质中的传播速度比在空气中快，再加上自制扬声器的聚声作用，我们就可以清楚地听到声音了。

声音不见了

准备材料：一个玻璃瓶、两个小铃铛、打火机、细绳、纸片。我们先在玻璃盖上钻一个小孔，然后把细绳穿进小孔，并在细绳的下面系两个小铃铛。盖上瓶子，晃动瓶子，我们会听到小铃铛发出了清脆的撞击声。打开瓶盖，用打火机点燃纸片，放进玻璃瓶，然后快速盖上瓶盖。等瓶内的纸片燃尽后，再晃动玻璃瓶，我们会听到瓶内的小铃铛的撞击声音变小了，真的好像有一部分声音不见了。

这个游戏揭示的科学原理，声音传播需要介质，它可以在空气这种介质中传播。一开始我们能够听到玻璃瓶中的小铃铛清脆的撞击声，是因为声音通过瓶内的空气和玻璃瓶传播出来。当我们把燃烧的纸片放进玻璃瓶时，由于受热，在盖好瓶盖之前，瓶子里边的空气会跑出来一些；同时，纸片燃烧也会消耗氧气，使瓶内的空气变少。由于瓶子是盖上的，外边的空气无法补充进去，因此空气的传播也受到了影响，声音也就变小了。

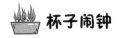

实验目标

根据声音的音调定律，我们可以把杯子做成闹钟。

实验材料

牙签、涂蜡的牙线、纸杯

实验操作

首先在纸杯底部的中心部位用牙签扎一个小孔。

然后将牙线从小孔中穿过，在牙线的末端系上一根牙签，以防止牙线从杯底脱落。

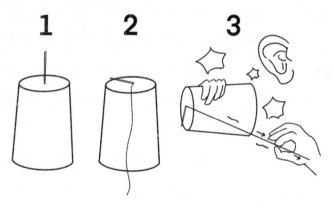

最后一只手拿着纸杯，用另一只手的食指和拇指夹住牙线并顺着牙线轻轻地向下滑动手指。这时，纸杯会发出很大的声响。

科学原理

音调通常指人们感觉到的声音的高低，声音的高低是由声波频率决定的，二者的关系很密切。当我们手指在牙线上滑动时，牙线上的蜡将这种摩擦转变成许多细小的停止和启动，使细线产生振动，纸杯的作用是增加这种振动。这种杯子闹钟的声音不是单调的，可以根据牙线的松紧程度来调节音调高低。

如果将细线松散的一头系在固定的物体上，拉住纸杯让细线绷紧，然后滑动手指，就会发现细线绷得越紧，音调越高。

奇怪的声音

准备材料：两个小棉花团，一副耳机。我们先用两个小棉花团把自己的耳朵塞住，然后用手指轻轻地刮桌子。由于声音太小，耳朵又被堵住了，所以我们不容易听得见。现在去把手洗干净，再用指甲轻轻刮自己的牙齿，这时我们会听到很响的磕碰声，很显然，这声音不是从自己耳朵里传进去的。用棉花球塞住自己的耳朵，然后再用手捂住耳朵，尽量不要让别的声音从自己的耳朵中进入，请其他的小朋友帮忙，让他把耳机接在音响上，然后再将耳机紧贴着自己头部的骨骼，同样，尽管耳朵被捂住了，但我们还是可以听到声音的。

这个游戏揭示的科学原理，我们能够听到声音是因为当物体振动时，也振动了周围的空气，振动的空气把声波传到耳膜，然后由大脑感知。这个游戏说明了声音通过颌骨、头骨也能传到听觉神经，因此，我们用骨骼也能听到声音。

模仿鸟叫声

实 验 目 标

我们可以利用声音共振的定律，模仿鸟儿叫的声音。

实 验 材 料

纸杯、吸管、胶带、小刀

实 验 操 作

首先把一个纸杯倒过来，在底部中央部位用小刀划一个边长约1厘米的三角形小孔。

然后将吸管平放在杯底上，并用胶带固定好吸管。

用胶带把两个纸杯口对口地粘在一起。

向吸管中吹气，我们马上就会听到欢快的鸟叫一般的动听声音。

科 学 原 理

共振是指自然振荡频率下物体的振动。假如一个物体本身的固有频率与声波的频率相同，在声波的影响下，它也会振动发声，起到把声音放大的作用。这是一个关于共振的实验。当两只纸杯粘在一起，便制造了一个封闭的共鸣箱。我们借着吸管将空气通过三角形小孔，传入杯内。杯内的空气受到振动形成声波，而声波在封闭的空间内可以产生共振，使声音强度变大，穿出来的声音就变大了。

不同的声音

准备材料：两个气球、细线。首先吹起一个气球，不要吹的太大，然后用细线系好开口处。把另一个气球的开口处套在水龙头上，向里边灌水，当气球胀得和吹起的气球一样大时，停止灌水，然后用细线绑好开口处。把它们放在桌子上，把耳朵依次分别贴在两个气球上，用手指敲桌子，我们会发现盛有水的气球里传出的声音更清晰、更响亮一些。

这个游戏揭示的科学原理，平时我们能够听到声音，是因为物体的振动引起了空气的振动，振动的空气又振动了我们耳朵的鼓膜，然后听到声音。声音的传播需要介质，空气和水都是最常见的介质。空气中含有许多细微的分子，而分子之间又有着一定的间隔，但是水分子之间的间隔，要比空气中分子间的间隔要小的多，因此，放有水的气球传送声波的振动相对更容易一些，传到我们耳朵里的声音也就更清晰一些了。

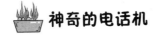

神奇的电话机

实验目标

根据电话基本工作原理，可以用两个简单的易拉罐制作一个简单的电话机。

实 验 材 料

易拉罐、锤子、钉子、长线

实 验 操 作

首先把两个易拉罐上面的盖子去掉。

然后用钉子和锤子在两个易拉罐的底部各凿一个小孔，穿进长线。在伸入易拉罐内部的长线上打个结，使之不易脱落。

最后我们和另外一个小朋友各自拿着一个易拉罐，然后对着它讲话，双方就可以听到彼此的说话了。

科 学 原 理

电话基本工作原理是将说话者的声波转换成电波，在电波传送一段距离后，再将它重新转化为声波，传给听话者。上面这个实验是对电话基本工作原理的模仿。当我们说话时，声波会使易拉罐的底部振动起来。这种振动被线传送到另一个易拉罐的底部，于是声音就传入了另外一个小朋友的耳朵里。

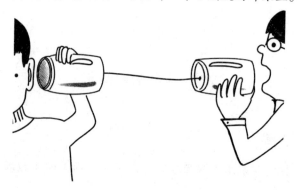

会说话的桌子

准备材料：一张桌子和一张椅子。首先我们坐在桌子前面的椅子上，让另外的小朋友轻轻敲击一下桌腿处，我们是否能听到声音呢？我们发现，声音很小。然后我们把脑袋侧躺在桌面上，让自己的耳朵贴在桌面上，让另外的小朋友再敲一下桌腿处，我们是否能听到声音呢？当我们把耳朵贴在桌面上的时候，我们听到的声音又响亮又清楚，远远大于第一次听到的声音。

这个游戏揭示的科学真理，声音传播的介质有很多种，它不仅仅可以在空气中传播，还可以在木头等固体物质中传播；并且木头等固体的分子之间的空隙很小，它们传播声音的能力甚至要比空气还要强，因此在游戏中，我们把耳朵贴在桌面上的时候，听到的声音才会那么清楚。

音调大小的奥秘

实验目标

我们可以利用音调与频率的关系，通过下面这个实验弄清楚音调大小的奥秘。

实 验 材 料

带盖的塑料盒、小刀、粗细不同的橡皮筋、铅笔

实 验 操 作

首先用小刀在塑料盒的盒盖上割一个椭圆形的洞。

然后盖上盒盖，把四条长度相同但粗细不同的橡皮筋绑在盒子上，各条橡皮筋之间留一定的距离，将橡皮筋作为琴弦。

用相同的力拨动粗细不同的橡皮筋，我们会发现细橡皮筋发出的声音比粗的高。

在盒盖和橡皮筋之间放一根铅笔，改变琴弦的长度。我们会发现，在同一根琴弦上，较长的部分发出的声音比较短的地方低。

科 学 原 理

音调与频率的关系：音调跟发声体的频率有关，频率大的音调就高，频率小的音调就低。这个实验再次证明了音调与频率的关系。细橡皮筋振动频率快，所以发出的音调比较高。当插入铅笔后，改变了琴弦的长短，琴弦长的地方振动频率慢，所以音调低，琴弦短的地方振动快，所以音调高。

狮子的吼声

我们可以先找一些纸盒，在小盒的一边开一个小孔，然后

把一支拴着一根小绳的半截铅笔放进盒里，把小绳从小孔中穿出来。找一块松香在小绳上来回擦一擦，就像用松香擦二胡的弓弦一样，使小绳变涩。这时我们用一只手握住盒子，用另一只手的拇指和食指去捋绳子，我们就会听到一阵很响的声音。有的声音可能像狮子的吼声，有的声音也许像小狗的吠声。我们还可以用不同形状、不同材料的盒子多做几个发声装置，当我们捋动绳子时，盒子的四壁都在发声振动，发出的响声令人有点害怕。

第4章

电光闪现的一瞬间

电本身是看不到摸不着的东西，是一种自然现象，指电荷运动所带来的现象。在自然界里，电的机制产生了许多众所熟知的效应，比如闪电、摩擦起电、静电感应、电磁感应等。在本章中，我们将带着小朋友一起通过生活中的实验，让他们了解电的知识。

飞溅的水滴

实验目标

通过摩擦生电的原理，我们知道当摩擦气球时，气球会吸引那些纸屑等微小物体，其实水滴也同样会被吸引。

实验材料

气球、干毛巾、水龙头

实验操作

首先吹大气球，将它与干毛巾相互摩擦。

然后打开水龙头，放出一小股水柱，慢慢地让气球靠近水柱，让气球喝个水饱。

这时，我们注意观察就会发现，当气球靠近时，水柱被吸引，开始向气球的方向略微倾斜；当气球差不多碰到水柱时，一些水滴就会飞起，溅落到气球上。

科学原理

摩擦生电指用摩擦的方法让物体带电。两种不同的物体相互摩擦后，会出现一个带正电、一个带负电的现象，这是电子由一个物体转移到另一个物体上的结果。这个实验运用了摩擦

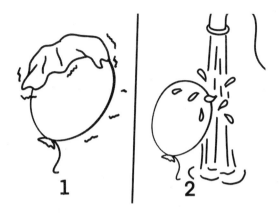

生电的原理。当我们摩擦气球时，也就是在使它带电；来自毛巾上的电荷，也就是电粒子，转移到了气球上。于是，气球的表面充满了电子，正是这些越积越多的电子吸引了水滴。

弯弯的水流

打开水龙头，让水流细细地流淌；使劲用化妆棉纸摩擦吸管；把它迅速接近水流，水流就会被吸管吸引而变得弯曲。这是一个利用静电原理的小实验，被使劲摩擦后而带有负电荷的吸管，接近细长的水流时，水中的正电荷被吸管吸引了，所以会出现弯曲的水流。

空气中的"噼啪"声

实验目标

闪电是大气云团中发生放电时伴随产生的强烈闪光现象，我们通过这个实验可以揭示闪电的原理。

实验材料

塑料泡沫、长约5厘米的钉子

实验操作

首先关上屋子里的灯。一只手拿塑料泡沫，另一只手拿钉子。

然后将塑料泡沫与我们的衣服或头发摩擦半分钟。

最后慢慢地将钉子接近塑料泡沫，当钉子的尖头接近塑料泡沫时，我们会听到轻微的"噼啪"声。

科学原理

电荷是物体或构成物体的质点所带的正电或负电。电荷是物体的固有属性之一，有正电荷和负电荷两种。摩擦塑料泡沫时，塑料泡沫获得电荷。当钉子的尖头接触塑料泡沫时，塑料泡沫所带的电荷便会向钉子的方向集中。而当电荷聚集的数量多到一定程度时，塑料泡沫就会向钉子尖头一端释放电荷。释放的过程同时也是加热空气的过程，空气中便会发生小型爆炸，从而产生"噼啪"声。假如室内相当干燥，而释放的电荷又足够强烈，我们还可以看到小型爆炸产生的火光。

背景字幕

关掉电视机，在屏幕上用手指画上图案；用棉花蘸面粉，在屏幕前均匀拍打，让面粉颗粒吸在上面；等飞扬的面粉停止时，电视机的屏幕上就有被手指画过的图案啦。

这个游戏揭示的科学真理，关掉电视机后，屏幕上还分布着大量的静电荷，手指画过的地方静电荷被消除了，在屏幕前拍打面粉时，静电荷依然存在的地方就会吸附面粉，成为白色的"背景"，屏幕上写的字就显示出来了。

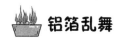 铝箔乱舞

实验目标

由于每个原子中都有相同数量的正电子和负电子，假如电子被移开，就会产生静电。

实验材料

玻璃罐、厚纸板、薄铝箔、铅笔、铜线、胶带、塑料梳子、剪刀

实 验 操 作

首先把玻璃罐倒过来放在厚纸板上，用铅笔沿着罐口画一个圈，剪下圆纸板。

再把铜线弯成环状，并把两端插入厚纸板。铜线的两端要高出厚纸板大约2.5厘米。然后把铝箔团成球粘在铜线的两个尖上。

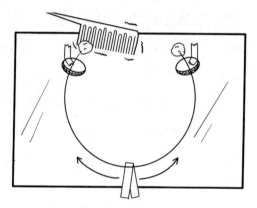

剪一条长10厘米、宽1厘米的铝箔，然后将它对折，挂在铜线上。最后用胶带把厚纸板粘在玻璃上。

最后用梳子在头发上摩擦5~10次，把梳子靠近铝箔球，发现铝箔条张开了。

科 学 原 理

电性力是指带同种电荷的物体互相排斥，带异种电荷的物体互相吸引，这种相互作用叫作电性力。这个实验利用了电荷的特性，也就是电性力。用梳子摩擦头发时，梳子会带上负电。当梳子接触铝箔球时，就会有一部分电荷通过铝箔球分布到铝箔条上，铝箔条因带有同种电荷而互相排斥，所以就张开了。

飞起来的铝片

先把硬纸板卷成一个圆筒；再将铝箔剪成圆环套在圆筒上，圆环不可太紧；放在打开的电磁炉上，铝箔沿圆筒浮起来了。

这个游戏揭示的科学真理，电磁炉通电后形成磁场，铝箔在磁场中产生与电磁炉方向相反的磁场，这两个磁场相互排斥，较轻的铝箔圆环受到了向上的排斥作用力，就浮了起来。

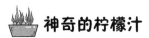

神奇的柠檬汁

实验目标

通过电池中离子和电流的特性，我们可以把柠檬做成电池。

实验材料

柠檬、小刀、剪刀、铜片、铝片、导线、砂纸、胶带、小灯泡

实 验 操 作

首先用剪刀剪出相同尺寸的铜片及铝片，用砂纸磨干净表面的污垢及锈迹。

将柠檬一切两半，备用。

把导线分别缠绕在铜片和铝片上，然后用胶带粘好，插入对切的柠檬中间，铜片与铝片的顺序要错开。

最后用导线接上小灯泡，我们会发现小灯泡亮了起来。

科 学 原 理

离子是失去或得到电子后的原子或原子团。电流指的是电荷的定向流动。一般而言，产生电流的条件是，存在着可以移动的电荷和推动电荷移动的电场。柠檬汁是一种电解质，可以溶化金属。我们将铜片及铝片插入柠檬汁中，铝就会溶出带正电的离子。因为铜比铝稳定，所以铝片带负电，铜片则带正电。这时连上电线，电路就会被接通。不过因为柠檬汁中的电流极弱，所以要并列数个以增强电流。

自制通报器

把金属片剪得比邮报箱底小一点，将A弯曲。A、B各钻洞连上导线；用绝缘胶带把A固定在报箱中、距信件入口10厘米；B片在A下5毫米处固定好，再把两条导线引出邮箱，串联在小灯泡和电池上，这样就成功了。把报纸投入时，小灯会亮起来。之所以出现这样的现象，是因为当报纸落入邮报箱时，压在金属片A上，它弯曲的一端就与金属片B相接，电路中形成回路，小灯泡就亮起来了，当把报纸取走后，金属片弹开，电路就断了，灯泡也不亮了，这实际上是靠信件的有无决定邮报箱里的电路是通还是断。

 跳动的小·球

实验目标

　　这个实验通过小球一会儿靠近电视剧屏幕，一会儿又远离电视机屏幕，展现静电现象。

实验材料

　　电视机、塑料小球、结实的棉线、胶带

实验操作

　　首先用胶带将塑料小球粘在棉线上。

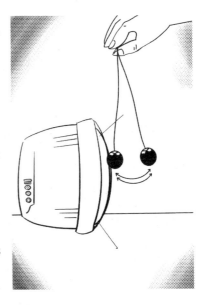

打开电视机，将小球靠近电视机屏幕。我们会发现，小球被吸到了屏幕上。

但是过一会儿，小球就又跳离了电视机的屏幕。

科学原理

静电是指分布在电介质表面或体积内，以及在绝缘导体表面处于相对静止状态的电荷。带电物体能够吸引轻小物体。小球没带电，却能被电视机的屏幕吸过去，由此说明电视机工作时，它的荧光屏表面带有静电。当小球与屏幕接触后，屏幕上的电荷就传到了小球上，于是，小球就与屏幕带有同种电荷。由于两种电荷相互排斥，所以小球就又跳离了屏幕。

不会掉的纸片

让小朋友动手尝试，用吸管去吸小纸屑。通过与自己身体或衣服摩擦产生静电，初步感知摩擦起电的原理。但是孩子们在探索中发现了一个问题："只要将物体进行摩擦就会将纸片吸起来，如果没吸起来是因为摩擦时间不够。"让小朋友用其他物品去摩擦吸小纸屑，观察是不是所有的物品都可以通过摩擦吸起小纸屑，通过对比法寻找答案。

会跳动的爆米花

实验目标

静电现象可以让看起来没有生命力的爆米花跳起来。

实验材料

白纸、爆米花、保鲜膜

实验操作

首先在桌子上放一张白纸，然后在白纸上放几粒爆米花。

撕下一张保鲜膜，揉成拳头大小的一个团。

把揉起来的保鲜膜在一张纸上快速摩擦10~15次，然后马上把保鲜膜移到爆米花上方，靠近这些爆米花。可以发现爆米花会跳起来，粘到了保鲜膜上。

科学原理

静电现象是静止电荷产生的现象，是人们最早研究的电现象之一。这个实验利用了静电现象。当我们用纸和保鲜膜摩擦时，会使纸失去电子带上正电，同时保鲜膜得到电子带上负电。这种因摩擦而产生的电荷称为静电荷。当带负电的塑料保鲜膜接近爆米花时，爆米花会受到保鲜膜的吸引。这种吸引力足以使质量很轻的爆米花克服向下的重力，也就是物体向地球中心拉的力量，让爆米花向上移动并吸附在保鲜膜上。

跳舞的小米粒

在一个小碟子里装上一些干燥的米粒。然后，把塑料小汤勺用毛衣或毛衣布料方块摩擦一会儿，这时汤勺上就产生电荷，具有了吸引力。把小汤勺靠近盛有小米粒的碟子上面，这时小米粒受电荷的吸引，就会自动跳起来，吸附在汤勺上。这时有趣的现象发生了，刚刚吸上汤勺的小米粒，一眨眼工夫，它们又像四溅的火花，忽然向四周散射开去。这是因为带电的汤勺吸引小米粒的时间是很短的，当小米粒吸附在小汤勺上以后，汤勺上吸附的小米粒就带有与汤勺同样的电荷。由于同性电荷是相互排斥的，所以吸附在汤勺上的小米粒互相排斥，全部散射开了。

制作一盏灯

实 验 目 标

利用电阻的原理，我们可以亲自制作一盏灯。

实 验 材 料

玻璃罐、5号电池、胶带、绝缘铜线、长铁钉、钳子、橡皮泥

实 验 操 作

　　首先把三节5号电池按照正极都朝一个方向的方式连接在一起，用胶带固定。分别把两根绝缘铜线的两端都用钳子除去绝缘皮，露出铜丝。

　　把橡皮泥捏成一个略大于玻璃罐罐口的薄片，作为灯泡的底座。将两根铜线穿透橡皮泥底座，向上伸出约5厘米长，彼此之间相距3厘米。

　　用钳子将一段绝缘铜线除去绝缘皮的部分长缠绕在钉子上，使钉子上的铜线两端直立。然后把钉子从铜线中拿出来，用弯曲的铜线充当灯丝。

　　将连在橡皮泥上的两根铜线分别缠绕在灯丝上，把玻璃罐倒置在灯丝和铜线上，再将玻璃罐向下压到橡皮泥底座中。

　　将连接在灯丝上的两根铜线分别接在电池两端，灯泡亮了。

科 学 原 理

　　电阻是导体对电流通过的阻碍作用。导体的电阻与其材料的性质、形状、截面大小及周围环境的温度等有关。当电流通过灯丝时，铜线的电阻不会使电流全部从灯丝上通过，而是将其中一部分电流转化为光和热，使电灯发光。电流通过得越多，灯丝的电阻越大，释放的光和热也就越多。

不分离的两本书

把两本漫画书每隔3~5页交插在一起，最后，两本书组合成一体，复合部分大约有1/3；手持两本书的两端往外拉伸，无论使多大的力气，两本书紧紧地咬合在一起不能分离。这是利用了摩擦力的原理。书页如果卷曲了或杂乱地相互插入，就不会很好地咬合住。

 食盐导体

实验目标

分别用纯净水和溶解了食盐的水做实验，发现食盐是可以通电的。

实验材料

电池、食盐、导线、杯子、纯净水、汤匙、小灯泡

实验操作

首先用导线接好灯泡和电池，然后把电线的两端放入杯子

中的纯净水里。这时发现灯泡没有变亮。

向纯净水中加入一汤匙的食盐，搅拌均匀。

这时可以发现灯泡发出微弱的光。

科学原理

绝缘体是指极不容易传导热或电的物体。最常见的绝缘体有玻璃、橡胶、陶瓷、塑料、空气等。导体指能够很好地导电的物体。各种金属、酸碱盐性的溶液、电离的气体、人的身体以及地球等都是导体。由于纯净水中没有杂质，是绝缘体，所以灯泡不会变亮。而纯净水一旦溶解了食盐，就变成了导体，这时电路形成了一个回路，灯泡就亮起来了。

杂音干扰

先把收音机打开，并调小音量；拿塑料木梳在头上摩擦几次；把木梳靠近天线，但不要碰到，收音机就会传出杂音。这是因为塑料木梳经过摩擦后，聚集了很多电荷，会产生电磁波，类似于闪电或手机辐射。拿木梳对收音机进行电磁干扰就妨碍了它对信号的正常接收，这样便传出了杂音。要避免这种情况，就应防止电磁干扰。

 不听话的弹簧

实验目标

盐水具有比纯水更强的导电能力，这是由于盐水是电解质溶液。这个实验我们将揭示这个科学原理。

实验材料

细铜丝、粗铜丝、绝缘电线、泡沫塑料球、小碗、盐、铅笔、书

实验操作

首先将细铜丝一圈圈缠在粗铜线上，然后取下来，做成一圈弹簧。弹簧的两端要各留出一段直的铜线。

将一根粗铜线推进泡沫塑料球中，将铅笔插进泡沫塑料球中。铅笔的尾端固定在书的最上面，铜线的顶端超出书15厘米。

在小碗的水中加上盐，不断搅拌，直到盐不再溶解为止。把弹簧的下端放到水里，使弹簧的下端刚刚接触水面。

将两根导线分别连在电池的两极上，一条导线的另一端连接塑料泡沫球上端的粗铜线。把另一条导线剩下的一端浸入到盐水中，可以看到弹簧不停地在盐水中跳动。

科学原理

电解质是在水溶液中或在熔融状态下能导电的化合物。最

常见的电解质是酸、碱和盐，它们在溶于水或醇等溶剂时发生电离，形成离子，从而导电。盐溶解在水里时会释放出带电离子。离子在水里可以自由移动，使盐溶液成为电解质溶液。当导线与盐水接触时，电流通过弹簧，把弹簧变成了一个电磁体。电磁体的两极间相互吸引，弹簧收缩，从而使电路断开；磁场消失后，弹簧舒展，重新接通电路。所以实验中会出现弹簧跳动的现象。

被磁铁吸引的钞票

把牙签竖直地插在泡沫板上；把新的纸币对折，摆在牙签上，让纸币保持平衡；试一试用磁铁靠近纸币，会看到纸币被吸引朝磁铁方向转动。做这个试验需要新纸币，因为印刷纸币的墨水含有微量的铁，尽管含量不多，但也能被磁铁吸引。如果纸币用旧了，上面的墨也跟着磨损流失，铁的含量就很少了，难以在磁铁下有反应。

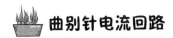
曲别针电流回路

实 验 目 标

开关可以控制电器的工作状态，通过这个实验我们可以知道开关断开和接通电源的原理。

实验材料

小木板、图钉、曲别针、导线、带有灯座的小灯泡、电池

实验操作

首先把两个图钉间隔4厘米按到木板里，分别把两根导线裸露的一端插到两颗图钉下面。

将曲别针掰成S形，把其中一端插到一个图钉的下面。

把两根导线的另外一端分别与电池和灯泡连接，用另外一根导线连接在电池和灯泡之间。

将曲别针闭合，灯泡变亮；将曲别针断开，灯泡熄灭。

科学原理

电路是由电源、用电器、导线、电器元件等连接而成的电流通路。电路有简单的，如串联电路、并联电路等，也有复杂

的，如电力网络等。这个实验是利用电路的断路和通路来控制灯泡亮与不亮的状态。电流从电池的一端流出，经过导线到达曲别针开关。假如曲别针闭合，电流就可以形成回路，到达电池的另一端，灯泡就会发光；假如曲别针被断开，电流就无法形成回路，灯泡就不能发光。

神奇的电池

引导小朋友在玩电动玩具的过程中了解电池的作用，在认识电池的基础上，引导小朋友给玩具安装电池，引导孩子观察电池的正负极，进行正确安装，提醒小朋友将废旧电池回收到指定位置。让孩子在生活中寻找家里需要使用电池的物品，比如手机、手电筒、钟表等，并试着自己拆装电池。也可以给小朋友提供各种充电电池，让小朋友了解充电电池和普通电池的区别。电池是指产生电能的小型装置，比如太阳能电池。生活中使用的化学电池可以分成原电池与蓄电池两种。原电池制成后即可以产生电流，但在放电完毕后即被废弃。蓄电池又被称为二次电池，充电后可放电使用，放电完毕后还可以充电再用。目前，我们通用的一次性电池主要有碳性电池和碱性电池，一般每节1.5V，呈圆柱形，型号常见的有1号、5号和7号，数字越大，型号越小。当我们把电池正确安装到电动玩具里

后，打开开关，电池就可以给电路提供电流了，同时把电能转
化成机械能，玩具就可以动起来了。

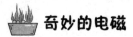 奇妙的电磁

实验目标

通过这个实验，电与磁可以互相转化。

实验材料

干电池、小灯泡、磁针、开关、50厘米长的导线

实验操作

首先用导线把一节干电池、小灯泡和开关串联起来，然后
把小磁针放在电路附近。

改变干电池的极性，我们会发现磁针的方向也随之改变。

将两节干电池串联起来，这时电流增强，磁针的偏转角度
也变大。

紧接上面步骤，将导线再绕二重、三重时，我们会发现磁
针的偏转角度和幅度会进一步变大。

科学原理

磁力线表示磁场分布的虚拟的有方向的曲线。磁力线上

每一点的切线方向与该点磁场的方向一致；磁力线的疏密表示各处磁场的强弱，磁力线越密集，磁场越强。当导线通过电流时，会产生围绕电流周围的圆形磁力线。这些磁力线将对附近的磁针产生作用力，使其一极受排斥，另一极受吸引而发生偏转。当改变电流大小和导线线圈的重数时，会使电流周围的磁场强度进一步增大，所以磁针的偏转角度和幅度也会进一步变大。

调皮的指南针

我们先带指南针来到图书馆，在消磁设备上摩擦几下指南针，这时指南针变成指北针了。这是因为图书馆办理借书手续的地方会有一个设备给馆藏图书消磁，那是一块磁性非常大的磁铁，可以使指南针上的磁性改变。这种改变是将磁场转动180°，让磁性相反、原本指南的一端变成指北，但指南针的磁性并没有消失，再经过一次强磁场，它又会恢复正常了。

 成群游动的小鱼

实 验 目 标

利用磁铁和磁化的原理，可以让盆中的小鱼朝着同一个方向游动。

实验材料

薄薄的小铁皮、剪刀、盆、缝衣针、磁铁、水

实验操作

首先用剪刀把铁皮剪成小鱼的形状，多剪几条。

用缝衣针摩擦磁铁数次。

将缝衣针插进小鱼身体，统一从鱼头向鱼尾插入，每条小鱼一根。

在盆中倒上水，把小鱼放进去，我们可以发现所有小鱼的头都朝一个方向。

科学原理

磁铁是磁体的一种。磁铁能够吸住铁、钴等金属，俗称吸

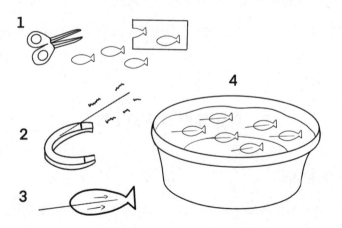

铁石。磁铁可分为一般常见的永久磁铁，以及通电时才具备磁性的电磁铁。磁化指物质在外磁场作用下表现出磁性的现象。所有物质都能被磁化，故都是磁介质。缝衣针在磁铁上摩擦过，因而被磁化了，所以也变成了磁铁。既然是磁铁，受地球引力的吸引，当然都会指向同一个方向。所以，插上了缝衣针的小鱼自然也就会都朝一个方向游动。

吸出来的大头针

在一个水杯中的大头针，我们不能用手或其他物品伸入水杯中将其拿出，也不能倾倒。那怎么样才能取出大头针呢？我们可以用磁铁沿着水杯壁把大头针吸出来。尽管磁铁形状各不相同，不过它们有相同之处。我们仔细观察一下，就可以知道上面的磁铁上都标有字母N和S，S表示南极，N表示北极。

实验目标

利用磁力的原理，可以将这些钢珠串成一串漂亮的珍珠。

实验材料

小钢珠、磁铁

实验操作

先用磁铁吸起一个钢珠，接着小心地一个接一个地连续吸起其他钢珠。

认真观察，我们可以发现磁铁可以将钢珠连成一串美丽的珠链，好像一串漂亮的珍珠。

科学原理

磁力是带电粒子的运动所引起的粒子间的吸引或排斥力。电机运转、磁体吸铁都是依据这种力。磁铁的磁性具有能够转移的特性，一个强磁铁吸引物体时，会产生很强的磁力，从而会把磁性转移到原本不具有磁性的物体上，那个物体就具有了磁性。在这个实验中，磁铁把磁性传给小钢珠，小钢珠就能吸引其他的小钢珠。接着，小钢珠又把磁性传到下一个小钢珠上，下一个小钢珠也带上了磁性。这样传递下去，小钢珠就连成了串。

给磁铁找朋友

准备材料：小刀、铅笔、订书钉、橡皮擦、回形针、铁钉、书、彩笔。用这些材料分别去接触磁铁，看哪些物体可以被磁铁吸住，哪些物体不能被磁铁吸住。通过这个小游戏，我们可以知道铁钉、回形针、小刀是磁铁的朋友，铅笔、橡皮、书、彩笔不是磁铁的朋友。这说明，磁铁可以吸铁制材料做成的东西。

 移动的订书钉

实验目标

通过磁介质，磁铁可以吸附含有铁、钴等金属的东西。

实验材料

磁铁、订书钉、塑料板、木板、装有水的玻璃杯、书

实验操作

首先将两本书平放在桌子上，中间留有一定的距离。

在右边的书上放上磁

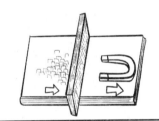

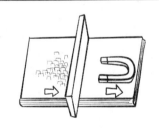

铁，左边的书上放上订书钉。将木板隔在两书中间。

移动磁铁，发现订书钉会跟着移动；将木板换成塑料板、装有水的水杯，我们可以观察到订书钉仍会跟着移动。

科学原理

磁介质是磁场作用下表现出磁性的物质。所有物质都能磁化，故都是磁介质。按磁化机构的不同，磁介质可分为抗磁体、顺磁体、铁磁体、反铁磁体和亚铁磁体。磁铁的穿透力很强，它能够穿透某些物质把铁、钴等磁介质吸起来。所以在这个实验中，即便在订书钉和磁铁之间放置非磁性物质，如薄木板、塑料板、玻璃杯等，也没办法阻隔磁力对订书钉的吸附作用。

磁铁碰撞

准备材料：两块条形磁铁、一根线。一个小朋友用线将一块磁铁从中间吊起来，等待它静止。另一个小朋友拿另一块磁铁的N极、S极分别去接近第一块磁铁的N极、S极。然后观察游戏结果填好记录。通过这个小游戏，我们可以知道磁铁的N极与S极互相吸引，S极和N极互相吸引，N极和N极互相排斥，S极和S极互相排斥。而磁铁的特性就是同极相斥，异极相吸。

第 5 章

力量是一种毕生的乐趣

力是物体对物体的作用，力不能脱离物体而单独存在。两个不直接接触的物体之间也可能产生力的作用。在本章中，我们将通过一些生活中的实验来了解力的知识、因素等，让小朋友们学习更多力的知识。

有趣的洒水器

实验目标

利用压强的原理，可以用吸管和饮料瓶制作一个洒水器。

实验材料

吸管、剪刀、饮料瓶、水

实验操作

首先用剪刀在离吸管一端大约3厘米的地方剪一个开口，折成一个直角。

然后在饮料瓶中注满水。

最后把吸管较短的一端放进饮料瓶里面，洒水器就制好了。然后向较长的那一截吸管内用力吹气，吸管上的开口处便喷出了一股水。

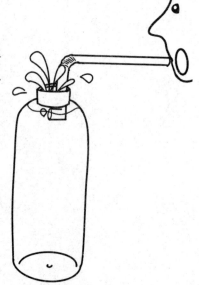

科学原理

压强指的是物体单位面积上所受的压力，单位是帕斯卡。这个实验巧妙地利用了压强和压力。对着吸管吹气时，有一股气流穿过插入饮料瓶的那一截吸管的开口上方。于是，吸管开口周围的气压减小，开口下面正常的大气压便把水压进了那一截吸管开口处，因此，水就从吸管的开口处喷出来。

制造喷泉

往装有水的饮料瓶中插入吸管，然后往里面猛吹气，就会看到水从吸管处喷流如注。在瓶中装入2/3的水；用锥子在瓶盖上开一个和吸管一样粗细的洞，将吸管穿过瓶盖；通过吸管猛吹一口气，马上闪开，瓶中的水就会迅猛喷出。之所以出现这样的现象是因为，若猛吹一口气的话，瓶中的空气被压缩，气压升高。嘴离开吸管，瓶中的水就会因压力而从吸管中喷溅出来。若吹气之时用力更强劲的话，就可以看到更壮观的喷泉。

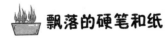
飘落的硬笔和纸

实验目标

我们利用阻力的原理，通过实验得出，硬笔和纸虽然从同一高度同时落下，但并不是同时落地。

实 验 材 料

一元硬币、纸、剪刀

实 验 操 作

首先用剪刀剪出一个和硬币一样大的纸片。

然后把纸片和硬币紧贴着放在同一只手上,纸片要在硬币上面。

拿着硬币的边缘,不要碰到纸片,把它们往下丢,发现硬币和纸同时落地。

科 学 原 理

阻力在流体力学中是指,物体在静止流体中运动时,流体对物体的总作用力在物体运动相反方向的分力。当硬币在空气中快速下落时,它会拉住紧跟在后面的空气,使纸和硬币间的空间压力减小,硬币上方的气压会把纸片紧紧地挤在硬币上,所以硬币和纸片会同时落地。但如果硬币和纸片不是紧贴着,它们则会在下落过程中分开。此时,纸片受到的空气阻力就会增大,它会以飘动的方式落地,而不是和硬币一起掉落在地面。

自由落体运动

首先要两手分别握着铁球和玻璃球,站在凳子上;听口令放手;结果两个球同时落在地面上。

这个游戏揭示的科学原理，如果你觉得同体积的铁球比玻璃球重，所以它会先落地，那你就错了。很久以前的人们也认为轻重不同的物体从等高处落下时，重的物体会落得快些，直到伽利略在意大利的比萨斜塔上证实了"自由落体定律"，人们才明确知道重量不同的球在下落时会同时落地，下落的速度与重量无关。

 ## 神奇的水柱

实 验 目 标

我们利用液体压强的原理，在可乐瓶侧面的不同高度上扎四个孔，装满水竖起来，观察水柱的变化。

实 验 材 料

大可乐瓶、脸盆、橡皮泥、彩笔、红墨水、锥子、滴管

实 验 操 作

首先在可乐瓶体上，用彩笔由上到下均匀标记出四个点，每两点的间距都是四厘米左右。用锥子在标记的位置钻出小洞，再用橡皮泥封住。

在可乐瓶中倒满水，用滴管向瓶中滴几滴红墨水。

把可乐瓶放在操作台的边缘，下面放一个脸盆，准备

接水。

　　抠去可乐瓶上的橡皮泥，这时水从四个孔中喷射出来，我们可以看到从上到下喷出的水柱越来越远。

科学原理

　　液体压强指的是液体对与之接触的物体施加的压强。液体压强的大小取决于深度，液体深度越大，其压强也就越大。在这个实验中，液体压强的大小取决于水的深度，而不是水量的多少和水域的形状。可乐瓶中由上往下，水的深度不断增加，水中的压强也就越来越大。所以，下端小孔中的水流强于上端小孔中的水流，从上到下喷射的水柱也就越来越远。

防爆气球

气球吹大后，用绳系好口；取一小块透明胶带，贴在气球上；用针在贴着透明胶的地方扎气球；气球没有发生爆裂声，像漏了气的车胎一样，慢慢瘪下去。

这个小游戏揭示的科学原理，当气球被扎破后，溢出的空气会造成一股压力，如果不贴透明胶，肯定会发出很大的爆裂声。而透明胶比较坚固，它可以阻挡空气冲出造成的压力，所以气球不会爆，防爆车胎就是根据这个原理制成的。

跳跃的乒乓球

实验目标

我们利用伯努利原理，可以让乒乓球在水龙头上跳舞。

实验材料

玻璃管、橡皮管、铁架台、乒乓球、水龙头

实验操作

首先将玻璃管垂直固定在铁架台上，尖嘴朝上。

然后把玻璃管的下端通过橡皮管连接上水龙头，打开水龙头，让玻璃管的尖嘴喷出约1米高的水流。

把乒乓球置于玻璃管尖嘴上方几厘米处的水流中，缓缓放手，乒乓球就会在水上跳跃。

调节水流大小，我们可以发现，当水流速度变化时，乒乓球跃起的高度也在变化。

科学原理

伯努利原理指的是气体和液体在流动时，流速大的地方压强比流速小的地方小。这个实验是伯努利原理的最好例证。气体和液体在流动时，不同流速的地方所产生的压强是不等的。这种差别会使物体随着液体运动。所以在这个实验中，水流速度的变化会引起其压强的变化，从而又引起乒乓球跃起的高度发生变化。

小游戏

漏斗里的果汁

首先把漏斗插在玻璃瓶上，用橡皮泥粘住漏斗和瓶口外部连接的地方，使它们连成整体，中间不能进空气；向漏斗里倒一些果汁，果汁并不会像通常那样顺畅地流下去；开始只有少量滴入玻璃瓶，剩余果汁则全部停在了漏斗里不动。之所以出现这样的现象是因为，玻璃瓶里充满空气，当注入果汁时，漏斗柄里外都被堵住不透气了。瓶里的空气受困而没有出路，也没有多余的空间容纳果汁进入，果汁就被空气顶住了，在漏斗里变成了悬空状态，如果把堵在瓶口外面的橡皮泥戳开一个小洞，让瓶里的空气跑出来，果汁就能照常流进玻璃瓶里去了。

会飞的气球

实验目标

我们利用浮力的原理，可以让吹起来的气球飞得又高又快。

实验材料

红气球、蓝气球、给气球打气的专用气筒

实验操作

首先用气筒把蓝色气球打足气，让它鼓鼓的。

然后给红色气球打气，不要让气球太鼓。

同时放飞两只气球，让它们飞向天空。我们可以看到蓝色气球比红色气球飞得快，但蓝色气球也最先破掉。

科学原理

浮力指的是全部或部分浸入流体的物体所受到的向上托的力，其大小等于该物体所排开的流体的重量。打足了气的蓝色气球因为体积大，排除的空气体积也大，因而就获得了一个较大的浮力，所以上升速度较快。随着气球上升的高度不断增加，高空中的气压慢慢变小，而气球内部的空气气压却没有变化，致使气球所受到的内外空气压力不平衡，气球内部的气压就会促使气球向外膨胀，气球支撑不住时便会破掉。红色气球里面的气体较蓝色的气球少，所以它上升速度较慢，但因为它内部空气压力较小，所以它后破掉。

沉浮的纽扣

首先倒大半杯碳酸汽水；将纽扣投进汽水里，慢慢沉底；静置两分钟，纽扣浮上来了；纽扣开始自动沉浮。之所以出现这个现象是因为，纽扣进到汽水里，碳酸汽水中的二氧化碳马上聚集到它表面，这个浮力会慢慢积累到足以抬起纽扣的重量，于是纽扣就好像自动浮出水面了。当到达水面后，二氧化碳挥发到空气中去，纽扣受到的浮力减小，它又会沉入杯底，因为二氧化碳的聚集与挥发在循环，上面的现象就会重复出现，只要你掌握好纽扣上下的时间，便会像变魔术一样主宰纽扣的沉浮。

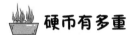 **硬币有多重**

实 验 目 标

我们利用胡克定律，可以自己制作一个测力计。

实 验 材 料

木板、纸杯、棉线、橡皮筋、白纸、铅笔、剪刀、锤子、钉子、胶水、硬币

实 验 操 作

首先在木板上方的中央订一根钉子，把木板靠在墙壁上，我们可以通过在木板旁边靠几本书来固定木板。

在钉子下方的木板上用胶水粘一张纸。

把橡皮筋挂在铁钉上，用铅笔把橡皮筋最下端的位置画在纸上。

在纸杯上钻三个小洞，在上面系三根线。

把纸杯系在橡皮筋上，在纸上记下此时橡皮筋的长度。

在纸杯里面放一枚硬币，然后再放几枚，每次加完硬币后，记下橡皮筋被拉长的长度。结果纸杯里放的东西越多，橡皮筋就被拉得越长。

科学原理

胡克定律是指，在弹性限度内，弹性物体伸展形变的大小，与作用在该物体上的力成正比。这个实验类似于用胡克定律制作的弹簧秤。纸杯里放的东西越多，纸杯受到的重力就越大。相应的，橡皮筋也会被拉得越长。

火柴桥

首先拿出5根火柴，在桌面上摆出一个拱形，点燃蜡烛后，用滴落的蜡油粘在每两根火柴之间的连接处，可以在拱形两面都滴蜡油，尽量接得牢固；把"火柴拱桥"立起，桥两端用橡皮泥固定在桌面上，用细线绑几个火柴盒，挂到拱形最高点；再制作一个直线形的火柴桥，同样进行试验，会发现它没有"火柴拱桥"那么能承重。与直线结构相比，曲拱结构承受外力的能力更强，这是因为曲拱形结构可以把外界的压力向两边分散开去，使自身的坚固性更大，修建拱桥也是遵循了这样的道理。

魔术盒子

实验目标

我们利用物体重心的原理，可以自己制作一个魔术盒子。

实验材料

硬币、胶带、空礼品盒

实验操作

首先把空礼品盒放在桌沿上，使三分之二露在外面，结果盒子从桌子上掉了下去。

打开盒盖，在盒子的一侧用胶带粘六枚硬币，然后盖上盒盖。

把盒子重新放到桌沿，让没有硬币的一侧在桌子外面，仍然保持有三分之二的盒子露在外面，这时我们会发现，盒子并没有从桌子上掉下去。

科学原理

重心是物体各部分所受重力的合力的作用点，重心是物理学上为某种计算上的方便所设想的一个点。当礼品盒空着的时候，其重心所在的位置就是它的几何重心。当它有三分之二的体积露在桌子外面的时候，其几何重心也就离开了桌子。由于受到了重力的作用，盒子就会倾斜，以致落到地面上。而在盒子的一侧粘上硬币后，其重心就不是几何中心了，而是偏向于有硬币的一方，所以即使有三分之二的体积露在外面，但盒子的重心仍然没有离开桌子，因此礼品盒仍会待在桌子上，而不会掉下去。

横着的铅笔

准备材料：（六棱形）铅笔1支、扑克牌1张。小游戏的目的是使铅笔停在扑克牌的边缘上。首先用一只手拿住扑克牌短边的边缘，使扑克牌处于直立状态，并使扑克牌长边边缘尽量保持水平；手指用力压扑克牌的两侧，使扑克牌长边边缘在水平面内发生弯曲；把铅笔横放在扑克牌的长边边缘上；慢慢放松手指的用力，使扑克牌长边边缘由弯曲变成直线，这时铅笔就会停留在扑克牌的长边边缘上。

这个小游戏揭示的科学原理，扑克牌的长边边缘由弯曲变成直线的过程中，铅笔与扑克牌的接触面越来越大。当扑克牌的长边缘变成直线时，铅笔的重心与扑克牌的上边缘在同一竖直平面内，这样扑克牌的上边缘就可以支撑住铅笔，使铅笔停留在扑克牌的边缘上。

跑得最快的球

实 验 目 标

我们利用物体转动惯量，可以发现实心球的转动速度是最快的。

实 验 材 料

高尔夫球、象棋子、呼啦圈、秒表、粉笔

实 验 操 作

首先和其他小朋友选择光滑而有倾斜面的地段作为比赛场地，并用粉笔做出起始点的标记。

把高尔夫球放在起点上，让其滚下去，让其他小朋友在终点打表并记下高尔夫球到达终点所用的时间。然后，按照这个办法分别计算象棋子和呼啦圈从起点滚到终点的时间。

比较一下记录结果，我们会发现高尔夫球跑得最快，而呼啦圈跑得最慢。

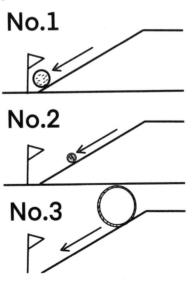

No.1

No.2

No.3

科学原理

转动惯量指一个物体（严格来说是刚体）围绕一个轴转动的惯性大小的量度。它与物体的质量大小以及质量分布有关，同时也是描述物体的动力特性的重要物理量。物体的质量离重心越近，它的转动惯量就越小，转得也就越快。在这三种物体中，重心就是物体的几何中心，但量的分布却不同。呼啦圈的全部质量都远离重心，其转动惯量最大，所以它的速度最慢。实心球的质量极紧密地分布在其重心周围，转动惯量最小，转动速度最快。

惯性法则

准备材料：两个啤酒瓶，一张钞票。首先把一张钞票夹在两个瓶口中间；瓶身立稳，用一只手下抓住钞票一角拉直；另一只手快速水平抽出钞票。然后我们发现啤酒瓶并没有倒。

这个小游戏揭示的科学原理，对于物质来说，受力并在力的作用下保持原来的状态，就是惯性法则。用手指抽钞票，对于瓶子来说，这个力量的发生只是一瞬间，因此惯性法则在此就适用了，两个瓶子纹丝不动。

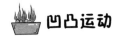 凹凸运动

实验目标

我们利用向心力的原理，可以观察物体在凹面或凸面运动时会产生超重或失重的现象。

实验材料

铁丝、小钢球、泡沫塑料板、搭钩

实验操作

首先把两根铁丝弯成S形，分别固定在两块泡沫塑料板上，装上搭钩。注意搭钩打开时，铁丝之间的宽度使小球刚好能停在最凹处。搭钩勾上时，凸面顶端铁丝之间的宽度使小球刚好从中间掉下去。

打开搭钩，让小球在高处沿轨道滚下，可以看到小球滚到凹面底端时掉下去了。

勾上搭钩，把小球放在高处，让小球从高处沿轨道滚下，可以看到小球到达最低点再向上运动到另一个凸面顶端时，轻轻掠过而未掉下来。

科学原理

向心力，即使物体沿着圆周运动的力，跟速度的方向垂直。此力向着圆心，故称向心力。向心力可以是重力、弹力、

摩擦力、电场力、磁场力或它们之中几个力的合力。在曲线表面运动时，物体的重力和支持力不再平衡，它们的合力为物体提供指向圆心的向心力。当圆心在曲面下方即凸面时，支持力小于重力，产生失重现象，快速运行的小球不会掉下去，而是沿着斜面飞掠而过。当圆心在曲面上方即凹面时，支持力大于重力，产生超重现象，所以小球会掉下去。

抓住百元大钞

首先手里拿着100元钞票，松开手使它自由落下，看自己能接住吗？却发现自己根本接不住，这是很难接住的。毕竟人的眼睛看到物体后，大脑进行判断，然后再开始行动，平均要用0.2秒的时间，在这段时间内，物体自由落下的距离是20厘米，可100元钞票的长度是15.5厘米，看到钞票落下，再去夹它，钞票已落下12厘米了，所以想要抓到它就很困难了。

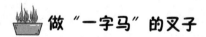 做"一字马"的叉子

实验目标

我们通过用叉子做平衡术来揭秘走钢丝背后的科学原理。

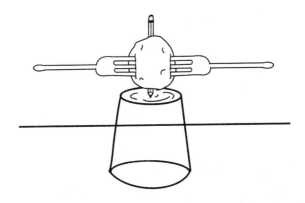

实 验 材 料

马铃薯、铅笔、叉子、玻璃杯

实 验 操 作

首先慢慢地把铅笔插进马铃薯，铅笔的笔尖刺穿马铃薯后露出来。

分别把两把叉子插入马铃薯两边。

把玻璃杯倒扣在桌子上，然后试着把上一步做好的马铃薯组合立在玻璃杯上，注意只能让铅笔尖接触杯底。我们可以看到马铃薯组合能立在玻璃杯上。

科 学 原 理

平衡是物理学中指作用在质点上的所有力的合力（或矢量和）为零的状况。物体的重心越低，越是接近支持面，稳定性就越好。铅笔的重心很高，玻璃杯上的支持点只有笔尖那么小，所以单独一支铅笔是不可能立在上面的。插上马铃薯和叉子后，组合体的质量增大，重心降低，使铅笔尖成为重心，所以这个组合就能立在杯子上并保持平衡。

平稳的纸棍

准备材料：纸杯多个、铅笔4支、厚纸片1张、透明胶。首先把纸杯套装在一起构成一根纸棍；把纸棍中间部分的七八个纸杯的杯口凸起部分展开；在纸棍上纸杯口凸起展开处用透明胶粘贴一张厚纸片；在桌面上平行放置两支铅笔作为轨道，再在轨道铅笔上垂直轨道方向放上另外两只铅笔；把纸棍放到轨道上方的两支铅笔上，使两支铅笔托住纸棍粘贴厚纸片的部分，并使纸棍被两支铅笔托起，且使纸棍处于静止状态，用手使托起纸棍的两支铅笔慢慢向纸棍中间滑动；当两支铅笔靠到一起时，使纸棍仍被两支铅笔托着并处于静止状态，则纸棍的重心就在纸棍与两支铅笔接触点的连线上方附近；用两只手分别拿住轨道上方铅笔的一端，把纸棍慢慢地抬起，纸棍就会平稳地停在铅笔上，此时纸棍的重心就在纸棍与两支铅笔接触点的连线上方附近。之所以出现这样的现象是因为，当两支铅笔靠在一起时，纸棍的重心在两支铅笔的支撑点之间。由于纸棍的重心在支撑点上面，所以纸棍晃动时，纸棍很容易从铅笔上掉下来。

叠杯子

实验目标

我们利用确定重心的原理，可以在没有任何其他辅助工具的情况下，将纸杯对接，像叠罗汉那样直立起来。

实验材料

一次性纸杯、胶水、双面胶、螺丝、书

实验操作

首先把胶水抹在4个纸杯的边缘部分，两两粘在一起。再用胶水抹在其中一个纸杯的底部，将4个纸杯粘在一起。

等到胶水完全干了，站在1米远的地方用书向纸杯的方向上下扇动，发现叠罗汉纸杯很快就倒了。

在最底部的杯子中放入20个螺丝，重新粘好纸杯，用双面胶把纸杯粘在桌面上，再用书上下扇动。我们会发现叠罗汉纸杯很稳当地立在桌子上。

科学原理

确定重心，也就是质量分布均匀、外形有规则物体的重心在物体的几何中心。板状物体的重心可用这个方法求得：任选两点，用线将物体悬挂起来，找出此两点延长铅垂线的交点，这个交点也就是物体的重心所在。物体的重心是不断变化的，为此，我们要知道如何确定重心。物体的重力越大，重力越稳定，惯性就越大，也就越不容易改变运动状态。在这个实验中，叠起的纸杯底座重力越大，重心越稳定，就越不容易受到外力的作用。纸杯粘在桌子上后，与桌子成为一体，重力变大，重心更加稳定，更加不容易改变原来的状态。

不会掉的水壶

准备材料：卫生筷2双、细绳2条、水壶1把、锯条1段、透明胶带、木板1块。首先在一双筷子的一端缠上细绳并把绳头系牢；在水壶提手的中间缠绕几圈细绳并把绳头系牢；用透明胶带把锯条粘贴在木板的一端，使锯齿与木板的边缘对齐；把木板放到桌面上，使带锯条的一端伸出桌面一段距离。木板的另一端可压上一些重物，以防木板掉下桌面；把缠上细绳的筷子放在水壶把手缠有细绳的一段下面；将另一双筷子分成两段，取其中的一段，一端顶住筷子上的细绳，另一端顶住壶盖钮的底部；将水壶把手下面的筷子放到木板边缘的锯齿上，调整筷子的位置，水壶就可以稳定地悬挂在木板的边缘。这是因为，木板边缘对卫生筷和水壶组合体的支撑点与水壶组合体的重心在同一竖直线上，所以木板能够支撑住水壶组合体。由于水壶组合体的重心在支撑点的下方，所以当水壶轻微晃动时，水壶组合体也不会从木板边缘掉下来。

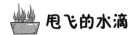 **甩飞的水滴**

实验目标

利用离心力的原理，我们可以破译洗衣机甩干桶的秘密。

实验材料

厚纸板、圆规、眼药水小瓶、水、牙签、剪刀

实 验 操 作

首先用圆规在厚纸板上画一个直径为5厘米的圆，将其剪下来。

将牙签穿过圆纸片的圆心，给眼药水小瓶注满水。

将左手食指与拇指来回捻动牙签，带回圆纸片转动。右手拿着眼药水小瓶，向转动的圆纸片上滴水。发现圆纸片在旋转时，带动纸片上的水滴一起做圆周运动。

科 学 原 理

离心力指的是物体沿曲线运动或做圆周运动所产生的离开中心的力。离心力是向心力的反作用力。任何物体围绕圆心做圆周运动时，都会向远离圆心的方向运动，这就是离心现象。在这个实验中，圆纸片在旋转时，带动纸片上的水滴一起做圆周运动。水滴在离心力作用下离开圆心，无法停留在纸片上，就被甩了出来。

大重物和小重物

准备材料：1根笔管（去掉笔芯，粗的那一头应该是开口的）、一大一小2个重物（大的重物是小的10倍）、针和线。首先用针把细线穿过笔管，在笔芯那一端系上小的重物，另一端系上大的重物。细线的长度大约是笔管长度的4~5倍。当然在游戏过程中，我们也可以自己调节线的长度。竖直握着笔管，由于大重物重量是小重物的10倍，自然会把绳子拉得笔直，小重物卡在笔管上。用手握着笔管，用力让小的重物旋转起来，这时有趣的现象产生了，随着旋转的速度加快，我们会发现小重物一端的绳子慢慢变长，把是它10倍重量的大重物拉了起来。

这个小游戏的原理是这样的，当小的重物旋转起来之后，就会产生一个离心力，而且旋转的速度越快，这个离心力也就越大，是这个离心力，通过细线把是它10倍重量的大的重物提了起来。

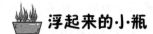

浮起来的小瓶

实验目标

潜水艇一会儿藏在海底，一会儿又浮到水面上。通过这个实验，我们模拟了潜水艇的工作原理。

实验材料

有盖子的空可乐瓶、眼药水小瓶、玻璃杯、螺母、水

实验操作

首先在眼药水小瓶中装一些水，将螺母套在小瓶的瓶口，使小瓶刚好倒立在装有水的玻璃杯中，并让小瓶的底部露出水面一点。

向可乐瓶中倒入大半瓶水，把眼药水小瓶放进可乐瓶中，让它倒立浮在水面上。拧紧可乐瓶盖子，一个微型的潜水艇就做成了。

用手轻轻地压扁可乐瓶，发现眼药水小瓶下沉；轻轻地放手，发现眼药水小瓶又浮上来了。

科学原理

浮力与悬浮状态的关系：因为浮力大小等于该物体所排开流体的质量，所以当物体所受的浮力与物体的质量相等时，物体就浮在水面上或没入水中而不下沉。在这个实验中，浮力与悬浮状态的关系就是这样，其实是装有水的眼药水小瓶产生的浮力令它悬浮在水中的。当挤压可乐瓶时，可乐瓶里的水被空气压入眼药水小瓶中，小瓶变重，就会下沉；当松手时，这部分水又抛出小瓶，小瓶变轻，就向上浮了起来。在这个实验中，眼药水小瓶受到的浮力大小等于眼药水小瓶中排出的水的重力。

小 游 戏

登"山"的乒乓球

把乒乓球靠近强势水流的水龙头试一试吧。乒乓球就好像在攀登瀑布一般，顺着水龙头往上走去。首先取20厘米长的细绳，用玻璃胶带贴在乒乓球上；用一只手拎着，靠近强势的水流；接触水时，稍拽一下绳子，乒乓球会沿水流向上攀登。乒乓球一接触到水流，水就会沿着乒乓球的曲面流下来，结果是乒乓球受水流之力被吸附过去了。这个时候，如果向上拽一下绳子，就可以看见乒乓球宛如登山一样向上攀去。

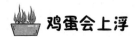 鸡蛋会上浮

实 验 目 标

当鸡蛋浸入盐水中，由于液体的原理，它会不断上浮。

实 验 材 料

生鸡蛋、玻璃杯、勺子、食盐、水

实 验 操 作

首先在玻璃杯中加入一大半的水，然后把生鸡蛋放入水中，可以发现鸡蛋沉入了水底。

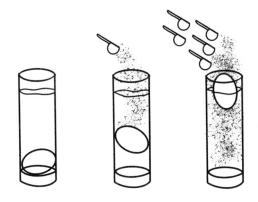

在玻璃杯中加入适量的食盐，用勺子搅拌均匀，可以发现生鸡蛋悬浮在了水中。

再次向玻璃杯中加入一些食盐，搅拌均匀。这时鸡蛋慢慢上浮，最后浮到了水面上。

科学原理

流体是液体和气体的总称，水和空气是两种最常见的流体。物体浮沉情况取决于其所受的重力和浮力的大小关系。浸没在流体中的物体体积就是它所排开液体的体积。根据阿基米德原理，物体密度与流体密度的大小关系可以对应表示重力与浮力的大小关系。因为鸡蛋的密度比清水的密度略大，当鸡蛋浸入清水中时，所受重力大于浮力，所以鸡蛋下沉。当鸡蛋浸没在盐水中时，由于盐水密度比鸡蛋的密度大，鸡蛋所受的重力小于浮力，所以鸡蛋会上浮。

沉底的胡椒

在加水的玻璃杯中加入胡椒，胡椒应该浮在水面上，怎么能让它们沉入水底呢？首先将肥皂弄湿涂在一个手指上；抓少量胡椒洒在水面上；用涂过的手指在水面上划过；胡椒就沉入水底了。

这个小游戏揭示的科学原理，手指涂上肥皂划过水面后，削弱了胡椒附近水的表面张力，胡椒就无法浮在水面，而沉下去了。

第6章

生活中的化学故事

化学是自然科学的一种，指在分子、原子层次上研究物质的组成、性质、结构与变化规律。其实，生活中也隐藏着许多化学故事，引导小朋友们利用身边的材料，做一些有趣的化学实验，让他们更了解化学。

不漏水的塑料袋

实 验 目 标

利用聚乙烯的特性，用铅笔尖在装水的塑料袋上戳一个洞，袋里的水居然没有流出来。

实 验 材 料

透明塑料袋、铅笔、长方形托盘、水

实 验 操 作

首先拎着装有水的塑料袋子，手捏住塑料袋口，将长方形托盘放在塑料袋的正下方。

一手拿着铅笔，用尖锐的笔尖快速穿透另一只手提的塑料袋。让铅笔留在袋子上，袋子没有漏水。

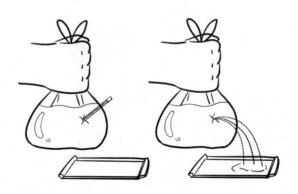

取下铅笔，水就会从铅笔穿过的洞里流出来，流到长方形托盘中。

科学原理

聚乙烯是高分子有机化合物，由乙烯聚合而成，分为低分子量和高分子量两种。塑料袋是聚乙烯制成的，聚乙烯是聚合物。当铅笔刺进塑料袋时，聚乙烯分子虽然会移开，但这些分子依旧紧紧围在铅笔的四周。所以，水没有流出来。只要铅笔留在塑料袋上不动，塑料袋就不会漏水。

美丽的肥皂花

吹个肥皂泡放在锡箔花中央，锡箔花的瓣会自动抬起来，银白色的花簇拥着七彩的肥皂泡，非常美丽。

首先剪一个直径8厘米的六瓣锡箔花；把木塞放在盘中；把锡箔花浸泡在肥皂液中，放在木塞上使花瓣下垂；把吸管的一端剪成四瓣，用它吹个大肥皂泡泡；把肥皂泡放在花心中，低垂的花瓣就会抬起来，吸附在肥皂泡上。肥皂泡表面的薄膜具有一定的牵引力，当把肥皂泡放在锡箔花的中心时，这种牵引力就把花瓣拉起来了。

丝绸上的油渍消失了

实 验 目 标

利用分子结构和挥发性的特点，我们可以用甘油洗去丝绸上的油渍。

实 验 材 料

丝绸、有盖子的广口瓶、甘油、花生油、棉签

实 验 操 作

用棉签蘸一点儿花生油，滴在丝绸上面。

在广口瓶里倒入一些甘油，把丝绸放进去，拧紧瓶盖。

将广口瓶拿起来摇一摇。

半个小时后，把丝绸取出来，我们会发现，丝绸上的油渍消失了。

科 学 原 理

分子结构是原子在分子中的成键情形与空间排列。分子结构对物质的物理与化学性质有决定性的关系。挥发性是指化合物由固体或液体变为气体或蒸气的过程。当我们把丝绸放入广口瓶的甘油中，丝绸便会很快沾上甘油。但是甘油的分子结构极不稳定，因而它的挥发性很强。当从广口瓶的甘油中取出丝绸时，甘油的分子便很快从丝绸上挥发到空气中，而丝绸上的

油渍也会被甘油的分子一起带走。

巨大的肥皂泡

用金属丝衣架可以做出巨大的肥皂泡泡，大泡泡还会包着小泡泡。先将金属衣架弄成圈形，用胶带包在圆圈上；在盆中放入1升水、100毫升清洗剂和500毫升洗涤剂；把衣架放入盆中，慢慢向上提；做出巨大的泡泡。

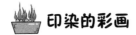 **印染的彩画**

实验目标

利用碳酸钙和醋酸的特性，即便没有画笔，我们也可以画出好看的彩画。

实验材料

彩色粉笔、白纸和报纸、醋、食用油、纸杯、汤匙、锤子、纸巾、一碗水

实验操作

首先在碗里加入两勺醋，并铺一些报纸备用。把粉笔放在纸巾上，用锤子把粉笔挤压成粉末。

把彩色粉笔末倒入纸杯中。我们需要制作几种不同颜色的粉末，分别用不同的纸杯盛粉末。

往每只杯子里加入一汤匙的食用油，用汤匙彻底搅拌均匀。

把每个杯子里的混合物都倒入碗里，含有粉笔末的油会在水的表面形成彩色的圆圈。

把白纸放在水的表面，再拿起来，然后放在铺好的报纸上晾一天。一天之后，用纸巾擦掉纸表面的粉笔屑。这时可以看见纸上出现了五颜六色的画面。

科学原理

碳酸钙是一种重要的无机盐。由于加工方法不同，碳酸钙产品的物理性质也不同，有重质碳酸钙、轻质碳酸钙及活性碳酸钙之分。醋酸又名乙酸，是一种无色、具有刺激性酸味和强腐蚀性的液体，沸点117.87℃，凝固点16.6℃，易溶于水。在这个实验中，彩色油粘在了纸上，形成圆圈和条纹图案。粉笔中的碳酸钙成分跟醋酸发生反应，彩色的颜料便溶解在了油当中。油脂分子与纸纤维中带有负电的分子和带有正电的分子相互吸引，使颜色附着在了纸张上，形成了螺旋状的彩色图案。

停在空中的肥皂泡

我们可以让飘浮在空中的五颜六色的肥皂泡静止不动，如同在空中立正似的。首先将鸡蛋壳浸泡在大半杯醋里，然后盖上杯子盖；杯内会产生气体；等杯中气泡不见后，吹个肥皂泡放在杯中；肥皂泡在杯中飘来飘去，最后静止不动。蛋壳的主要成分是碳酸钙，与醋酸反应生成二氧化碳。因为二氧化碳密度比空气大，而吹入杯中的肥皂泡密度小，所以会浮在上层，好像停在了空中。

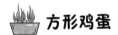

实验目标

利用蛋白质的特性，我们可以动手制作一个方形的鸡蛋。

实验材料

鸡蛋、食用油、水、与鸡蛋大小差不多的小方盒、锅、电炉、汤匙、纸巾、火柴

实 验 操 作

首先在小方盒里面涂上食用油，放在一旁备用。

将锅放在电炉上，然后往锅里倒入凉水，把鸡蛋放进去。打开电炉，将鸡蛋煮熟。

剥掉鸡蛋壳，轻轻地将鸡蛋推进小盒中，让鸡蛋完全充满盒子。

盖上盖子，把盒子放进冰箱里。

过一会儿，取出盒子，并把鸡蛋倒出来，就可以得到一个方形鸡蛋。

科 学 原 理

蛋白质是生物体最基本的物质，在生命活动过程中担负着极其重要的作用。蛋白质的基本结构单元是氨基酸，氨基酸以肽键相互连接，形成肽链。鸡蛋蛋白的成分是水和蛋白质分子，它们就像连在细线上的许多小球。而蒸煮鸡蛋便拆散了这些蛋白质分子，并使它们相互结合在一起。于是，夹在蛋白质分子间的水分子被分离出来。这时鸡蛋蛋白已经成为胶体或柔软的固态。由于鸡蛋蛋白一直保持着热度，即这种胶体很热，所以蛋白质的黏结力仍是不稳定的，这种不稳定性使得我们很容易利用方形盒子将鸡蛋塑形，即制成方形。

用牛奶写信

首先用火柴杆蘸着牛奶，在纸上写字；把干了的纸放在蜡烛火焰上方；烘烤一会儿，会有黄色的字迹显现出来。这个小游戏揭示的科学原理，牛奶中含有的蛋白质和脂肪都是有机物，有机物不耐高温，烘烤一下就会被氧化，成为黑色的炭，牛奶变焦的地方也就是原来写字的地方。

实 验 目 标

利用碳氢化合物的特性，可以让一朵火焰变成两朵火焰。

实 验 材 料

蜡烛、中空的玻璃管、铅丝、火柴

实 验 操 作

首先将蜡烛固定在桌子上，另外用铅丝将玻璃管的中间绞住，使铅丝成为一个柄。

点燃蜡烛，拿起玻璃管，将其一端放到烛火的火焰中间。

用点燃的火柴在另外一端引燃，另外一端的管口也会冒出

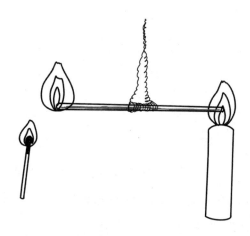

一朵火焰，这时一根玻璃管上便出现了两朵火焰。

碳氢化合物是仅由碳、氢两种元素组成的一类有机化合物，属于有机化合物中最简单的一类，碳氢化合物蒸气具有易燃性。在这个实验中，烛火的火焰中心有一些未曾燃烧的碳氢化合物（蜡烛油的蒸汽）。当我们把玻璃管插到烛火正上方时，这种碳氢化合物便从玻璃管逃出。这时用火一引，它便在玻璃管另一头燃烧起来。但是，假如将玻璃管插在火焰旁边，就引不着火苗了，因为火焰旁边没有可以供燃烧的碳氢化合物。

会游泳的牙签

取一根牙签，在尾部涂上香波；把牙签轻放在浴盆的水面上；牙签会像鱼似的缓缓前行。这是因为，香波与肥皂都含有去污的"表面活性剂成分"，这成分使水的表面张力变弱。牙签尖的那一部分动起来，是因为牙签尾部沾了香波后，使周围的水面张力下降，牙签就被整体拉动了。

 让蚊香烟消失

实验目标

利用不完全燃烧的原理，只需要一根火柴就可以让有烟蚊香变成无烟蚊香。

实验材料

蚊香、火柴、蚊香夹

实验操作

首先把蚊香放在蚊香夹上面。

用火柴点燃蚊香，可以看到蚊香上方有袅袅上升的烟雾。

过一会儿，等蚊香燃烧的烟渐渐稳定后，再次点燃一根火柴。

把燃着的火柴伸入蚊香的烟中，结果发现火柴附近的烟慢慢消失了，无烟蚊香就出现了。

科学原理

由于燃烧中氧气供给不足，可燃物只进行了一部分的燃烧，这种现象被称为不完全燃烧。不完全燃烧后的产物是木炭和一氧化碳，可再次燃烧。在实验中，蚊香中含有碳的微粒，它们是不完全燃烧的可燃物，点燃后会乘着上升气流升起，这就形成了烟。把点燃的火柴放入蚊香的烟中，就会把碳的微粒加热，使这些物质再度燃烧或者汽化，所以烟就消失了。

五颜六色的彩带

在纸端5厘米处用彩色笔点一个大点，杯中装水3厘米深；把纸放入水中，绿点距水2厘米；在水中浸泡15分钟；绿点不见了，纸条上出现蓝色的彩带，再往上是黄色的彩带。这是因为，绿色是由蓝色和黄色组合而成的。颜色在水中会向上移动，不同颜色的移动速度会不同，所以就出现了不同的色带。

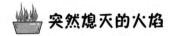 **突然熄灭的火焰**

实验目标

利用二氧化碳的原理，我们可以通过把氧气去掉的办法来熄灭火焰。

实验材料

蜡烛、橡皮泥、有盖的瓶子、漏斗、长塑料管、小苏打、醋、玻璃盘、勺子

实验操作

首先在瓶盖上扎一个洞，把塑料管从洞里穿过去，并用橡皮泥把洞的边缘封上。

把蜡烛放在盘子中，并将其点燃。

把大约4勺小苏打放进瓶子中，然后再往里面加2勺醋，快速盖上盖子。

把塑料管的管口对准蜡烛的火焰，火焰马上熄灭了。

科学原理

二氧化碳是碳的高价氧化物，为无色、无臭的气体，有微酸味。在通常情况下，二氧化碳稳定，不活泼，无毒性，可溶于水，水溶液呈酸性。在实验中，小苏打和醋混合时会发生化学反应，生成二氧化碳。产生的二氧化碳足量时，就会从塑料管中溢出来。二氧化碳的密度比氧气大，可以把氧气从火焰周围推开，所以当我们把塑料管口靠近火焰时，火焰就熄灭了。

自制灭火器

剪下易拉罐罐顶，用胶布封住三角形螺口，用纸巾包三匙

苏打；把苏打包放进开口的易拉罐里，倒入食醋，迅速将剪下的圆顶盖在上面，这时人要避开一定距离；稍等一会儿，就有气体顶开易拉罐的盖子，并从罐子里溢出大量泡沫。

苏打和醋酸起反应，产生二氧化碳气体。当气体压力过大时，上面盖的盖子就被冲开了，气体与混合溶液生成的泡沫随着溢出来，如果旁边放了一支蜡烛的话，就会马上被熄灭。泡沫灭火器也是通过化学反应生成二氧化碳来灭火的，只是设计得更科学。

漂亮的晶体

实验目标

利用毛细现象和晶体的原理，我们可以制作出漂亮的晶体。

实验材料

木炭、玻璃棒、装满水的喷壶、广口瓶、塑料盘子、勺子、无碘酒、氨水、蓝色漂白剂

实验操作

首先把木炭敲成小块，但不要磨成粉末。在木炭上喷水，直到木炭湿透为止。然后把木炭放进盘子里，铺成平坦的一层。

在广口瓶里放入3勺氨水、6勺蓝色漂白剂和3勺无碘盐，均匀混合，用玻璃棒搅拌直至完全溶解。

把配成的溶液倒在木炭上，再撒上2勺盐。过1~2天后，再将氨水、蓝色漂白剂、无碘盐各取2勺配成溶液，倒在盘子的底部。

几天后，观察盘子，我们会发现盘子里出现了晶体。

科学原理

毛细现象指具有细微缝隙的物体或直径很小的细管与液体接触时，液体沿缝隙或毛细管上升或下降的现象。毛细现象是物质分子间力作用的结果。晶体是原子按一定图形排成的固体材料，其表面的规则性反映出晶体内部的对称性。在实验中，木炭是多孔性结构，容易产生毛细现象。在毛细作用下，木炭会吸收液体。当木炭小孔中的水分蒸发以后，固体就会在木炭的表面沉淀出来，形成晶体。越来越多的溶液被吸收以后，在原有的晶体上又会形成新的晶体，慢慢地，晶体变多了。

柠檬酸的作用

用水清洁并不能去掉脏污变黑的铜币的污垢；用切开的柠檬用力擦铜币，一会儿铜币就有光泽了；其实，用化妆棉蘸醋也会有同样的效果。这是因为，柠檬和醋中都有酸，可以把酸素从氧化了的物质转移到其他物质，铜币上的铜与空气中的氧发生化学作用，变成了氧化铜，于是铜币看起来又脏又黑。柠檬和醋从氧化铜中取走了酸素，因此经摩擦后能使铜币变得清洁光亮。

颜色多变的花

实验目标

利用结晶水的原理，我们可以自制一朵会变色的花。

实验材料

二氯化钴、白色滤纸、铁丝、喷壶、水、杯子、电吹风

实验操作

首先把白色的滤纸剪出若干个玫瑰花瓣的形状，用铁丝扎成一朵纸花。

在杯子里倒500毫升水和100克二氯化钴，搅拌一下，使其溶解成溶液。

把纸花在二氯化钴溶液中浸泡5分钟，滤纸花瓣变成粉红色。

用电吹风把滤纸吹干，玫瑰花变成了蓝色。

将清水均匀地喷在花瓣上，玫瑰花变成了紫色。

科学原理

结晶水是在晶体物质中与离子或分子结合的一定数量的水分子。在不同温度和水蒸气压下，一种晶体可以生成含不同结晶水的分子。在实验中，二氯化钴所含的结晶水不同时，所呈现的颜色也不同。温度逐步升高时，二氯化钴会渐渐失去结晶水。二氯化钴含6个结晶水时，呈粉红色；含2个结晶水时，呈紫色；含1个结晶水时，呈蓝紫色；完全失去结晶水时，呈蓝色。所以，滤纸在溶液中为粉红色，吹干后为蓝色，喷水后又变成了紫色。

五颜六色的画

首先把各色的粉笔压成粉末，倒入纸杯中；杯中加一点豆油，搅拌均匀。在盘子里加一些醋，把"混合油"倒入盘里，会在水面上形成彩色圆圈和曲线；把一张白纸放在水面上，晃一晃再拿起来，让它沾上彩色油花，晾干后擦去粉笔末，就是一张用画笔也画不出的"油画"了。粉笔中的碳酸钙成分与醋发生化学反应后，其中的彩色颜料就溶解在油里了，油脂分子与纸张纤维中带电的正、负分子相互吸引，就会附着到纸上，颜色也自然被粘在纸上，出现彩色条纹、花形。而且这图案是自然形成的，人们用画笔也画不出这种效果。

火焰中的糖

实验目标

利用钾和催化剂的原理，即便是糖也是可以在火焰中燃烧的。

实验材料

方糖、火柴、碟子、香灰

实验操作

首先把一块方糖放在碟子上，试着用火柴点燃它。我们会发现它变成了褐色的焦糖，而无法被点燃。

在第二块方糖上均匀地涂抹一层香灰，放在碟子上。

再次试着用火柴点燃方糖，结果它被点着了，好像木头在燃烧。不过，在这个游戏中，我们看到的火焰是淡蓝色的。

科学原理

钾是银白色金属，很软，可用小刀切割。钾的化学性质活泼，暴露在空气中时，表面会覆盖一层氧化钾和碳酸钾，使它失去金属光泽，因此金属钾应保存在煤油中，以防止氧化。催化剂是能改变化学反应速率，而本身的量和化学性质并不改变的物质。在实验中，方糖的燃点较高，不容易燃烧。当把香灰涂抹在方糖上时，香灰中含钾元素的化合物在糖块的燃烧中起了催化剂的作用。它降低了方糖的可燃温度，所以糖就燃烧起来了。

自制防腐剂

首先把氧化镁和苏打水倒入盆里，加水混合；将想要保存的报纸泡进混合溶液里，一小时后拿出；用吸水纸吸干印刷品的水分再小心晾干；这样处理过的书报可以保存好多年。一般在纸张生产过程中都会加入酸性试剂，它留存在纸上，在空气中腐蚀纸纤维，使书报难以长期保存，氧化镁和苏打水混合生成的碳酸镁能与纸张中的酸性物质发生化学反应，使酸性消失，书报变成中性后就不会发脆了。

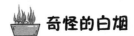 **奇怪的白烟**

实 验 目 标

利用红磷和化合物的原理，可以制作出奇怪的白烟。

实 验 材 料

空火柴盒、火柴、盘子

实 验 操 作

首先撕下一片粘在火柴盒两侧的砂纸（摩擦火柴的部分），然后放在盘中。要把砂纸的一面朝下。

擦燃火柴，然后点燃放在盘上的砂纸。等砂纸燃烧完之后，可以看到盘子中留下了红褐色的灰烬。

用大拇指及食指蘸上一点红褐色灰烬，两个手指摩擦一下，我们就可以发现摩擦的手指尖冒出了一缕缕的白烟。

科 学 原 理

红磷是红色粉末，熔点59℃，性质比较稳定。红磷不溶于水，也不溶于二硫化碳，是无毒的。化合物是指从化学反应之中所产生，由两种或两种以上元素构成的纯净物。比如，氯化钠是一种透过盐酸和氢氧化钠的化学作用而生成的化合物。在实验中，火柴盒的砂纸含有一种特殊的物质，这种物质是一种在低温下也能燃烧的红磷化合物。假如燃烧砂纸，就会留下红磷的灰烬。蘸上灰烬的手指相互摩擦后，手指间会产生热量，从而使温度升高。这时灰烬中的红磷就会汽化，产生白色的烟雾。

星星图案

配出一杯盐水；用牙签大头的一端蘸盐水，在纸上画几颗星星；半小时后，纸干了，星星也就不见了；侧拿着软芯的2B铅笔，笔头放平，在纸上轻轻涂一层，星星又回来了。这是因为，画星星的盐水在半小时后蒸发掉了水分，纸上留下了食盐颗粒，尽管肉眼看不到它们的存在，但这些细小的颗粒却使纸面变得粗糙不平了。铅笔涂上去，在纸上遇到了食盐颗粒，就把这部分涂黑了，也就是原本的星星图案。

酒水混合物

实验目标

利用溶液的原理，我们会发现，当酒精与水混合之后液体变少了。

实验材料

玻璃杯、量杯、水、酒精、笔

实验操作

首先向量杯里倒一些水，记住量杯中液面的高度。然后将水倒入一只杯子中。在另一只杯子里也用同样的方法倒入等量的水。

再用量杯倒出等量的水，倒入第一个杯子。用笔标记出液面的高度。

向量杯里倒入与水等量的酒精，然后倒入第二个杯子。标记出水和酒精的混合溶液的液面高度。通过对比发现，第二个杯子中的液面低于第一个杯子中的液面。

科学原理

溶液是两种或两种以上的不同物质以分子、原子或离子形式组成的均匀、稳定的混合物。溶液可以是气态的、液态的或固态的。如氮气、氧气和稀有气体组成的空气是一种气态溶液；二氧化碳气体溶于水组成的碳酸是液态溶液；金属锌溶于金属铜形成的黄铜（一种合金）则是固态溶液。在实验中，水和酒精混合后的溶液体积之和要小于等量的水和水混合后的体积之和。这是因为水分子很小，很容易填充到酒精分子的空隙之间。水分子和酒精分子紧密地结合在了一起，因此才会出现这样的情况。

植物染料

A 杯装白醋，B 杯装橘子汁，C 杯装肥皂水，D 杯装牛奶；榨出一些紫叶甘蓝菜汁；向四个杯子中各加一点甘蓝菜汁；结果 A、B 杯液体变成粉红色，C、D 杯液体变成绿色。紫叶甘蓝里有一种植物性的染料，这种染料会受酸碱度的影响而发生颜色变化。遇到酸性物质时，染料变成粉红色；遇到碱性物质时，染料变成绿色。A、B 杯的醋和橘子汁是酸性的，而 C、D

杯的肥皂水和牛奶是碱性的，所以甘蓝汁加入后，就出现了颜色变化。

 绿色的铜线

实 验 目 标

由于食盐和盐的特性，水中的食盐可以让铜线变成绿色。

实 验 材 料

水杯、温水、食盐、勺子、绝缘铜线、6伏的电池、剪刀

实 验 操 作

首先将温水注满杯的四分之三，然后加入3勺食盐，搅拌至食盐完全溶解。

用剪刀将铜线两端大约10厘米的绝缘皮去掉。

将铜线的一端连在电池的正极上，另一端插入溶液里。将另一根铜线的一端连在电池的负极上，另一端也插入溶液里。

接通电路半小时后，发现一根铜线周围聚集了许多小气泡，另一根铜线的裸露部分变成了绿色。

科 学 原 理

食盐是以氧化钠为主要成分、供人类食用的盐。食盐分精

制盐、粉碎洗涤盐、普通盐，此外还有特种食盐。盐是金属离子与酸根离子组成的化合物，如食盐（氯化钠）、硫酸铵、碳酸氢钠、碱式碳酸铜。在实验中，电池所提供的电流通过铜线进入水中，将水中溶解的食盐颗粒分解成钠和氯气。在这个过程中，钠很容易和水结合，形成氢气，也就是铜线周围聚集的气泡。氯分子则被吸到了连接正极的铜线上，与铜反应形成氯化铜，然后又转化为氧化铜，从而使铜线变成绿色。可见，食盐的成分是氯和钠。

肥皂糖水

在两杯水中分别溶解蔗糖、糖精；两杯水中加入一点肥皂，让它溶解；用吸管蘸两杯里的混合液体，吹肥皂泡，进行比较；吹出的泡泡小、又容易破的，是糖精水溶液；混有糖的肥皂水吹出的泡泡一般比较大，也不容易破。因为糖是从甘蔗和甜菜中提取的，基本不影响肥皂的性质，而糖精是从煤焦油里提炼出来的，其成分主要是糖精钠，令肥皂水发生变化，不易吹出泡泡。

有气泡的汽水

实验目标

利用碳酸氢钠的原理，我们可以自制解暑降温的汽水。

实验材料

汽水瓶、筷子、冰箱、白糖、果味香精、冷开水、碳酸氢钠、柠檬酸

实验操作

首先将汽水瓶洗干净，在瓶中加入冷开水，直至水到达瓶颈。

在汽水瓶中加入白糖和果味香精，搅拌均匀。

在瓶中加入2克碳酸氢钠，溶解后快速加入2克柠檬酸，盖紧瓶盖。

将瓶子放入冰箱内降温。

汽水降温后，打开瓶盖，可以看到瓶子中有气泡产生。

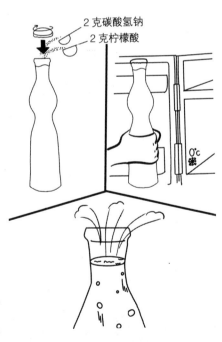

2克碳酸氢钠
2克柠檬酸

0℃

科学原理

碳酸氢钠是白色粉末，又称小苏打、重碳酸钠。碳酸氢钠是重要药物（消化剂、制酸剂），又是制造灭火机、焙粉和清凉饮料的原料，在橡胶工业中用作发泡剂。在实验中，在白糖、香精和水的混合液中加入碳酸氢钠后，碳酸氢钠会与柠檬酸反应，生成氯化钠和碳酸。碳酸极不稳定，随时可能生成二氧化碳和水，从而使瓶子里的液体内出现大量气泡。

柠檬汽水

加入1/4的凉开水、5勺糖、1/2勺苏打；等糖和苏打溶化后，放一勺柠檬然后拧紧瓶盖，充分摇晃饮料瓶，放在冰箱里一段时间；这样汽水就制成了。我们在超市买的汽水主要成分是苏打和柠檬酸，汽水冒气的原因主要是苏打和柠檬酸反应生成二氧化碳，所以我们用苏打和柠檬酸就可以制成一模一样的吱吱冒气的汽水。

第 7 章

有趣的生物实验

〜〜〜〜〜〜〜〜〜〜〜〜〜〜〜〜〜〜〜〜〜〜

生物是具有动能的生命体，是一个物体的集合，而个体生物指生物体。生活中，有许多我们看得见的生物，比如花草树木，对这些生物做一些有趣的实验，让我们可以了解生物更多的特性。

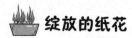 **绽放的纸花**

实验目标

利用花的原理,我们可以让一朵纸花在水中绽放。

实验材料

水杯、剪刀、纸、水

实验操作

首先把纸剪出花的形状,将花瓣向里叠起,要使每片花瓣上都有折痕。

将叠好的花放在水面上,仔细观察。

几分钟后,纸慢慢地吸收水,水到达折痕处,使纸纤维膨胀,纸花瓣就自动展开了。

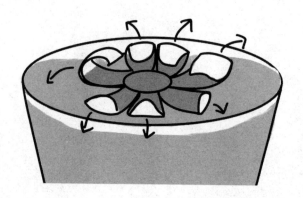

科学原理

　　花是种子植物的有性繁殖器官。典型的花在一个有限生长的短轴上，着生花萼、花冠和产生生殖细胞的雄蕊与雌蕊。在这个实验中，纸花瓣在水中的展开与大自然中花朵的开放是同样的道理，都是水作用的结果。在鲜花花瓣的基部有一种特殊的球状细胞。太阳升起时，花蒸腾作用很旺盛，向外散发水分，球状细胞便吸水胀大。随着它们的体积逐渐增大，花瓣被向外顶，花朵就开放了。反之，当花朵接受到的热量减弱时，植物会排出球状细胞中的水分。这时，失去水分的球状细胞又将花瓣收了回来。

桃花朵朵开

　　准备材料：盛开的桃花、放大镜、解剖刀、镊子、显微镜、载玻片、盖玻片。拿出准备的桃花，对着桃花的结构图，观察花的形态，认识花柄、花托、花萼、花冠、雄蕊、雌蕊。用解剖刀纵向将桃花剖开，将一枚雄蕊放到载玻片上，观察花药和花丝，在花药上滴一滴清水盖上盖玻片轻轻挤压，使花粉粒散出来，用显微镜观察花粒的形态。将一枚雄蕊放到载玻片上，用放大镜观察柱头并注意其表面特征，然后用解剖刀纵向剖开子房，用放大镜观察里面的胚珠，会发现雄蕊和雌蕊是花的主要结构，让小朋友画出桃花的简易平面结构图。

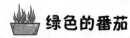　绿色的番茄

实验目标

利用酵素的原理，我们可以让番茄保持常绿的颜色。

实验材料

结有番茄的植株、盛有热水的杯子

实验操作

首先在西红柿植株上找一个长成了的绿色番茄。注意其周围要有与其成熟度相近的番茄。

拿一杯热水，把挑选好的番茄放在水中浸泡三四分钟，注意其他番茄不要直接接触热水杯。

观察一段时间，等这株番茄上其他果实全红的时候，我们会发现这个被浸泡过的番茄依然是绿色的。

科学原理

酵素是一种由氨基酸组成的具有特殊生物活性的物质，它存在于所有活的动、植物体内，是维持机体正常功能、消化食物、修复组织等生活活动的一种必需物质。在实验中，西红柿中含有酵素。酵素会产生乙烯气体，这种气体可以催熟番茄。用热水浸泡番茄的办法，损害了可以产生乙烯气体的酵素，这就阻止了番茄的成熟，所以当其他番茄正常成熟的时候，被热水浸泡过的番茄却保持长久的绿色。

揭秘酵素的秘密

准备材料：2个透明的杯子、碘酒、酵素液、筷子、水。一个杯子里装好水，加入碘酒，摇匀，分成两杯；其中一个杯子，加入酵素，用筷子搅匀后，发现溶液的颜色淡了。这说明酵素将碘酒的颜色分解还原了。

燃烧的橘皮

实验目标

利用物体挥发油的特性，我们可以通过燃烧橘皮制造出美丽的火花。

实验材料

蜡烛、火柴、橘子

实验操作

首先剥开橘子，留下橘子皮备用。

找一间黑色的屋子，点燃蜡烛，双手用力拧橘子皮，然后将橘子皮靠近蜡烛火焰。

结果，我们不仅可以听见爆裂声，还可以看见美丽的火花。

科学原理

挥发油又称精油，是具有香气和挥发性的油状液体，是中药中常见的重要有效成分，具有多种生理活性。挥发油在植物中分布极广，含挥发油的中药有数百种之多。在实验中，橘皮中含有丰富的挥发油，这种挥发油具有很强挥发性。当橘皮靠近蜡烛火焰时，挥发油会剧烈燃烧，发出爆裂声，且迸发出火花。

鲜花活过来了

取两个容量相同的杯子，分别加入0.6mL天竺葵精油、椰子油及去离子水；把两朵鲜花分别浸入两个溶液一分钟；模拟高温失水的状况，用吹风机分别对两朵浸泡过的花吹热风10分钟；10分钟后，发现用精油浸泡过的鲜花可以保持比较好的状态，因为精油有抗干燥锁水的作用。而用水浸泡过的鲜花却因为失水而凋谢并下垂，这个实验很好地表明了精油抗干燥锁水的作用。实验中分馏椰子油富含辛酸/癸酸三甘油酯，这是一种清爽的润肤剂，在皮肤表面会和皮肤自然分泌的天然油脂形成一层天然的屏障，减少水分流失。而天竺葵精油也能协助起到很好的保湿抗干燥作用。

干瘪的黄瓜

实 验 目 标

利用物体渗透和微生物的原理，我们可以自制腌黄瓜。

实 验 材 料

黄瓜、食盐、勺子、刀、盘子

实 验 操 作

首先用刀将黄瓜的三分之一切下来，用勺子把切下来的黄瓜的瓤挖空，并在挖空的地方撒上食盐。

把撒上食盐的黄瓜头朝上，与未撒食盐的黄瓜一起放入盘中。

过几天之后，从黄瓜挖空的地方倒出许多盐水，黄瓜也变得干瘪，但却没有坏掉。而未撒食盐的黄瓜已经腐烂了。

科 学 原 理

渗透指的是某种溶液通过半透膜，即一种溶剂分子能通过而溶质分子不能通过的膜，从低浓度溶液向高浓度溶液转移的现象。微生物指的是形态微小，结构简单，必须借助光学显微镜或电子显微镜才能看到的微小生物。这个实验与渗透现象是紧密相关的。食盐被黄瓜表面的水分溶解，成为浓盐水。黄瓜细胞里的水分子就会穿过细胞壁，进入浓盐水中，以降低盐

水的浓度。于是，黄瓜大量失水，变得干瘪。可见，盐可以把食品里的水分除去，防止食品中微生物的生长，使食品不易腐败，这就是用食盐腌过的食品可以放很久而不会坏的原因。

裂开的石膏

首先把几颗干黄豆埋进装在盘子中的石膏里，等待石膏块硬化；将干了的石膏块与盘子分开，往盘子里加水，将石膏块泡在里面；慢慢地石膏块会出现裂缝，崩裂成两半。之所以出现这样的现象是因为，水穿过石膏的空隙，渐渐渗到黄豆中，黄豆的细胞吸水膨胀，细胞中的压力增加。这股力量胜过其他工具，令石膏块无法承受，就裂开了，这就是渗透压力。

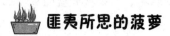

匪夷所思的菠萝

实验目标

利用蛋白质和氨基酸的特性，我们发现菠萝是可以分解蛋白质的。

实验材料

无味凝胶粉、两个相同的耐高温玻璃碗、新鲜菠萝、水、冰箱

实验操作

　　首先按适当的比例将凝胶粉与水混合，将混合物分成两份，分别倒入两个玻璃碗里。把两只玻璃碗放在冰箱里。大约一个晚上之后，凝胶就形成了。

　　将盛有凝胶的玻璃碗从冰箱里取出。将菠萝切开，挖取一小块放在其中一个碗里的凝胶上。

　　再过一个晚上，比较装在碗里的有菠萝的凝胶与没有菠萝的凝胶。

　　结果发现，菠萝使厚厚的凝胶溶化了，其中的大部分凝胶又变成了液体。没有放菠萝的那只碗里的凝胶仍然保持固态。

科学原理

　　蛋白质是生物体内普遍存在的一种主要由氨基酸组成的生物大分子，为生物体最基本的物质，担负着生命活动过程的各种极其重要的功能。氨基酸是既含氨基又含调格式的有机化合物，是蛋白质的基本结构单元。氨基酸以肽键相互连接，形成

肽链。在实验中，菠萝是一种富含蛋白酶的水果，蛋白酶是一种作用强大的化学物质，它可以分解蛋白质。蛋白质以氨基酸的形式存在于凝胶中，氨基酸彼此之间形成的很长的氨基酸链则赋予了凝胶柔韧的形态。在凝胶的氨基酸中加入蛋白酶，会破坏氨基酸链，使凝胶还原成液体状态。

蛋壳上的字

首先取一只鸡蛋，洗去表面的油污、擦干。用毛笔蘸取醋酸，在蛋壳上写字。等醋酸蒸发后，把鸡蛋放在稀硫酸铜溶液里煮熟，等蛋冷却后剥去蛋壳，鸡蛋白上留下了蓝色或紫色的清晰字迹，而外壳上却不留任何痕迹。这是因为醋酸溶解蛋壳后能少量溶入蛋白。鸡蛋白是由氨基酸组成的球蛋白，它在弱酸性条件中发生水解，生成多肽等物质，这些物质中的肽键遇 Cu^{2+} 发生络合反应，呈现蓝色或者紫色。

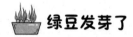 绿豆发芽了

 实验目标

利用种子的原理，我们可以让绿豆发芽并长成绿色的幼苗。

实验材料

绿豆、苹果片、盘子、脱脂棉、装有水的喷壶、透明塑料袋

实验操作

首先在盘子上面铺一层脱脂棉，并用喷壶在脱脂棉上洒一些水，然后把一片苹果放在脱脂棉上。

在脱脂棉上和苹果切面上分别均匀地撒上几粒绿豆。

在盘子上套一个透明塑料袋，然后把盘子轻轻地端起来，放到阳光充足的窗台上。

几天之后，我们会发现脱脂棉上的绿豆发芽了，慢慢地长成了绿色的幼苗，而苹果上的绿豆却没有长出幼苗。

科学原理

种子是显花植物所特有的器官，是由完成了受精过程的胚珠发育而成的。种子一般由种皮、胚和胚乳三部分组成，有的植物成熟的种子只有种皮和胚两部分。在这个实验中，苹果和绿豆好像一对冤家。这是因为苹果的果肉中含有一些阻碍种子萌芽的物质，这些物质会抑制种子发芽。只有当水果果肉完全腐烂后，果肉中的抑制剂才会失去作用。

看谁长得快

把两个一次性杯子分别用剪刀剪成两半，再把有底的一次性杯底部戳三个洞，再放入餐巾纸，加点水，放入三粒绿豆。不同的是一个用不透明盖子盖住，另一个不盖，把不盖的杯子编上序号1，另一个编上序号2。过几天，看两个杯子，会发现2号杯里的绿豆比1号杯里的绿豆长得快。这是由于1号杯一直被太阳晒着，水分蒸发得很快；而2号杯用不透明盖子盖着，太阳晒不到，所以水分蒸发得很慢，因此，2号杯中的绿豆就有充足的水分继续生长。

无土培植

实验目标

利用植物生长发育和矿物质的特性，我们可以无土培植植物。

实验材料

底部有洞的花盆、装有水的喷壶、绿豆种子、小石头（花盆排水用）、盘子、珍珠石（一种吸水材料）、肥料

实验操作

首先用石头将花盆底部盖住，再在上面放上珍珠石。

用喷壶浇湿珍珠石，轻轻地把绿豆种子均匀地撒在珍珠石上。然后把花盆放在有阳光的窗台上，保持珍珠石的湿润。

植物发芽后，以水混合肥料来灌溉。适时浇水，但不要浇太多。过一段时间后，种子就长成了健壮的小苗。

科学原理

植物生长发育是植物生命过程中量变和质变的过程，是植物生命活动的表现。植物生长发育是植物生存和发展的基础。矿物质又叫无机盐，由金属离子和无机酸根两部分组成。在实验中，植物生长发育需要空气、水和阳光，但不一定需要土壤。没有土壤，植物也能存活，只要给它们提供从土壤中所能取得的矿物质即可。

菜豆种子

取一粒经浸泡发胀的菜豆种子。可见种子呈肾型，种子外表有一层革质的种皮，其颜色依品种不同而异。在种子稍凹的一侧，有一条状疤痕，它是种子成熟时与果实脱离后留下的痕迹，称为种脐。将种子擦干，用手挤压两侧，可见有水和气泡从种脐一端溢出，此处为种空，即胚珠时期的珠孔。当种子萌发时，胚根首先从种孔中伸出突破种皮，所以亦叫发芽孔。在种孔另一端种皮上，远处有一瘤状突起，远端是种脐，内含维管束。剥去种皮，剩下部分即为种子的胚，由四部分组成。两片肥厚的豆瓣为子叶，掰开两片子叶，可见子叶着生在胚轴上，在胚轴上端的芽状物为胚芽，可见有两片脉纹的幼叶，小心用解剖针挑开幼叶，用放大镜观察，可见胚芽的生长点和突起状的叶原基。在胚轴下端，露出于子叶之外光滑的锥形物为胚根。

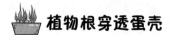 ## 植物根穿透蛋壳

实验目标

利用胚根的原理，我们可以知道植物的根是可以穿透蛋壳的。

实验材料

太阳花种子、玻璃杯、蛋壳、水、土壤

实验操作

首先把太阳花种子放在一个玻璃杯中，然后向玻璃杯中注入适量的水，让种子浸泡一夜。

第二天，把太阳花种子从玻璃杯中滤出，放在一边备用。在蛋壳中加入适量的土壤，然后把太阳花种子埋进土里。

把玻璃杯中的水倒掉，然后把蛋壳小心地立在玻璃杯中，放在阳光充足的阳台上。每天向土壤中浇少量的水。

五六天后，把蛋壳从玻璃杯中取出来，我们就会发现太阳花的根从蛋壳底部钻了出来。

五六天后

科学原理

胚根指的是种子植物胚的主要组成部分之一，是胚的下部未发育的根。它的尖端靠近发芽孔，当种子萌发时，胚根一般首先突破种皮，发育成幼苗的主根。在实验中，太阳花的种子在湿润的土壤中发芽，生出了胚根。生出胚根后，太阳花幼苗就在土壤中扎根，并且从土壤中吸收水分和营养。慢慢地，苗壮成长的根就从蛋壳中穿透出来，看起来好像是蛋壳生根了一样。

培植豆苗

准备材料：豆苗、花盆、水。首先把三棵已经生根的豆苗栽入盆中；第一盆左侧浸水，右侧保持干燥。第二盆左侧保持干燥，右侧浸水。第三盆全部浸水；两周后将三棵豆苗取出，保持三棵豆苗位置不变，观察其根的生长方向。我们会发现，豆苗的根总会向着有水的方向生长，这表示植物的根具有向水性。

种子发芽了

实 验 目 标

利用细胞膜和胚芽的原理，我们可以观察种子突破坚硬的表皮开始发芽。

实 验 材 料

黄豆、温水、纸巾

实 验 操 作

首先将黄豆放进温水里浸泡一夜。

第二天，把杯子里的水倒掉，然后把吸饱了水的种子拿出来放在纸巾上。

吸饱了水的种子都肿胀得相当厉害，而且摸起来也软了许多。甚至某些种子的外壳已经破裂了，露出了里面的胚芽。

科 学 原 理

细胞膜是包围细胞质的一套薄膜，又称细胞质膜、外周膜，是生物膜的一种，它是由蛋白质、脂质、多糖等分子有序排列组成的动态薄层结构。胚芽是植物胚（由胚根、胚芽和子叶构成）的一部分，能发育成植物的茎和叶。在实验中，水通过种子外壳的细胞膜进入种子内部，进而被胚芽吸收。胚芽会因此开始膨胀，最终突破包在它外面的种子的外壳，开始萌发。

这个实验中，起关键作用的就是种子外壳的细胞膜和胚芽。

喜欢阳光的植物

准备材料：绿豆种子、硬纸杯、剪刀、胶布、稻草。首先，取若干绿豆种子放温水中浸泡一天，使它充分吸水膨胀，待绿豆种子发芽。取两只纸杯装上适量土和稻草，各播种发芽的种子10粒左右。在一只硬纸杯的一面，割开一个开口（小洞要与绿豆幼苗的顶端基本平齐），盖上用不透光的胶布包裹密封好的杯盖；让有孔一侧朝向光源，使光能从小孔射入，每天适量浇水，并观察幼苗生长方向。另一只纸杯不做任何改动，每天适量浇水，通过这个小游戏，我们发现有小洞的杯内幼苗向洞的方向生长，另一只直立生长。

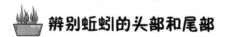

辨别蚯蚓的头部和尾部

实验目标

我们可以通过做实验辨别蚯蚓的头部和尾部。

实验材料

蚯蚓、电线、剪刀、电池、胶带、报纸、装有水的喷泉

实 验 操 作

首先用剪刀剥去电线两端3毫米长的绝缘表皮。

将电池侧放在桌子上。把其中一根导线的一端用胶带粘在电池的正极上，将另一根导线的一端粘在负极上。

根据蚯蚓的长短将报纸折成长方形。在报纸上浇水，让报纸完全湿透，把蚯蚓放在报纸的正中间。

用与电池正极相连的电线接触报纸上与蚯蚓左端距离3毫米的地方，用与电池负极相连的电线去接触报纸上与蚯蚓的右端距离相同的位置。此时蚯蚓收缩身体。换个方向，却发现蚯蚓伸展自如。

科 学 原 理

蚯蚓是环节动物，身体柔软，圆而长，环节上有刚毛。蚯蚓生活在土壤中，能使土壤疏松，其粪便可以使土壤肥沃。在实验中，蚯蚓通过电流了解它所处的环境信息。事实上，假如蚯蚓的头部与电池正极相连，而尾部与电池的负极相连，它就有可能感觉到危险，那么它就会收缩。要是把电池的两极调换过来，蚯蚓就会感觉比较安全，从而伸展自如。自此我们可以判定，实验中蚯蚓的左端是头部，右端是尾部。

蚯蚓喜欢阴暗潮湿的环境

在一个长方形的瓷盘的两端分别放上一堆干燥的泥土和一

堆湿润的泥土，然后取一条蚯蚓放在两堆土之间。一会儿，蚯蚓爬向并钻入湿润的泥土里。又在瓷盘的两端分别放上干燥的细纱和食盐，取一条蚯蚓放在中间，结果发现蚯蚓在中间爬来爬去，既不愿爬向食盐，也不敢到干燥的细沙中去安家。通过这个，我们发现蚯蚓对环境有选择能力，它对环境感觉灵敏，喜欢阴暗潮湿的环境。

 聪明的小蜜蜂

实 验 目 标

我们可以通过实验证明蜜蜂是天才数学家。

实 验 材 料

盘子、浓白糖水、有蜜蜂的蜂巢

实 验 操 作

首先在小盘里倒入一些浓白糖水，然后放在离蜂巢约6米的地方。不一会儿，蜜蜂就会发现这盘糖水。

第二天填满糖水盘，将它挪到比原来远25%的位置，也就是距离蜂巢7.5米的地方。第三天，在第二天的基础上，将糖水盘在现有的基础上移远25%的距离，也就是距离蜂巢约9.4米的地方。

继续做这个实验，每天将糖水在前一天的基础上移远25%，并且每天在固定的时间挪动水盘，持续一周。

一周后，我们会发现蜜蜂会在应该放置糖水盘的新位置等候。

科学原理

蜜蜂是昆虫纲蜜蜂总科昆虫，成群居住。蜜蜂的产物或行为与

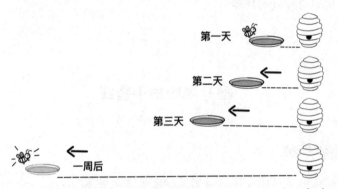

医学（如蜜蜂、王浆）、农业（如作物传粉）、工业（如蜂蜡、蜂胶）都有紧密的关系，因此蜜蜂被称为资源昆虫。在实验中，蜜蜂用大脑对路程的长短、风的阻力及花粉的重量等进行复杂的运算，当然也能计算出从蜂巢到采花往返一次所需要的时间。所以，它依据前几次糖水盘位置的变化能够判断出一周后糖水盘的位置。

喜欢太阳的蜜蜂

蜜蜂是靠太阳来辨别方向的。在一天中，蜜蜂舞蹈的方向是随着时间不同而变化的。蜜蜂是依靠蜂房、采蜜地点和太阳三个

点来定位的。蜂房是三角形的顶点，而顶点角的大小是由两条线来决定的：一条是从蜂房到太阳，另一条是从蜂房到采蜜地点的直线，这两条线所夹的角叫"太阳角"，是蜜蜂的"方向盘"。蜜蜂向左先飞半个小圈，又倒转过来向右再飞半个小圈，飞行路线就像个"8"字。可是，蜜蜂有时从上往下飞，有时从下朝上飞，而飞行直线同地面垂直线的夹角，相等于太阳角。蜜蜂正是根据这种角度的大小来确定采蜜地点和方向的。

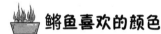

鳉鱼喜欢的颜色

实验目标

利用鳉鱼的特性，我们可以找出它所能分辨出来的颜色。

实验材料

鳉鱼、红色纸、浅紫色纸、绿色纸、透明鱼缸、水

实验操作

首先在鱼缸的底部贴上一张红色的纸，需要让颜色透过鱼缸底部。

在鱼缸里注入一些水，将鳉鱼轻轻放入水槽中，等它们镇静下来后，故意发出声响，鳉鱼就会全部快速集中在红色的地方。

把红色纸换成浅紫色纸，重复上一个步骤，我们就可以看

到鳉鱼慢慢地游到浅紫色的地方。

把浅紫色纸换成绿色纸，再次发出声响，我们会发现鳉鱼并没有集中在绿色的地方。

科 学 原 理

鳉鱼广泛分布于世界各地，尤以热带非洲及美洲最多，生活于半咸水、咸水和淡水水域，体长最多达15厘米。在实验中，鳉鱼最容易分辨的颜色是红色，其次是淡紫色，而对绿色没有任何反应。所以，在这个实验的过程中，鳉鱼并没有集中在绿色区域。

鱼的记忆力

把金鱼放在一个很长的鱼缸里，然后在鱼缸的一端射出一道亮光，20秒后，再在鱼缸射出亮光的一端释放电击。很快，金鱼就对电击形成了记忆，当他们看到光时，不等电击释放到水里就迅速游到鱼缸的另一端以躲避电击。我们发现，只要进行合理的训练，这些金鱼可以在长达一个月的时间里一直记得躲避电击的技巧，这充分说明金鱼可以对危险情况保持较长时间的记忆，并非只有7秒。

黑夜中最亮的光

实验目标

利用瞳孔的原理，我们可以用手电筒和易拉罐制造出黑夜中最亮的光。

实验材料

手电筒、剪刀、胶带、彩色纸、空易拉罐

实验操作

首先把彩色纸剪成圆形，使圆形的大小正好盖住易拉罐的开口。然后在圆形纸的中间剪一个椭圆形的开口。

将易拉罐上面的盖剪掉，用胶带把圆形纸粘在易拉罐的开口处。

在黑暗的房间内，打开手电筒，照射易拉罐彩纸上椭圆形的开口。

仔细观察，我们会发现易拉罐底部的铝箔将光线反射回来了，而且反射回来的光还很亮。

科学原理

瞳孔是虹膜中心的圆孔，光线通过瞳孔进入眼内。瞳孔可以随着光线的强弱而缩小或扩大。其实，猫的眼睛里有一层特殊的薄膜，叫反光膜。反光膜能够对光进行反射，而且能够在

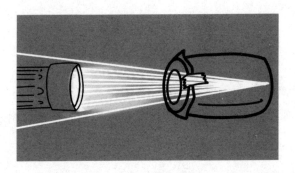

光线微弱时将瞳孔放大，增强反射光线，使猫能够看清黑暗中的物体。在实验中，当手电筒的光照向椭圆形开口时，易拉罐底部的铝箔会将光线反射回来。易拉罐的底部与猫眼中的反光膜相似，所以反射出的光特别亮。

猫咪的眼睛

观察一下猫咪的眼睛，它的瞳孔在一昼夜中随外界光线强弱的周期性变化而发生变化。白天中午时刻，光照强烈，瞳孔缩小，呈上下竖直的一条线；夜晚光线微弱时，瞳孔充分放大呈圆形；其他时刻呈不同程度的椭圆形。猫眼睛的瞳孔为什么会发生如此显著的变化呢？原来，猫眼睛瞳孔是很大的，负责瞳孔收缩的肌肉很发达，收缩特别强烈。猫这种一日三变的功能就是借助瞳孔强大的张缩能力完成的。它能调整进入眼睛内的光线强弱，使其始终保持足以兴奋神经的水平，从而使猫不论在白天还是黑夜，都可以清楚地看到外界的各种物体，这对猫夜间活动和觅食都具有重要意义。

 听觉灵敏的兔子

实验目标

利用耳郭的特性，我们通过实验可以知道兔子灵敏的听觉主要在于它那特殊的耳朵。

实验材料

兔子、小木棍

实验操作

首先将兔子放入一间空旷而安静的房子里面。

躲在一个远远的角落观察它，但不让它发现。

轻轻地用小木棍在地上敲几下，我们可以发现兔子马上竖起它那长长的耳朵，并朝我们躲的地方看。

我们再把声音弄大一点，兔子就会快速地逃开。

科学原理

耳郭是外耳的一部分，主要由软骨构成，有收集声波的作用。在实验中，兔子的耳朵十分灵敏，它的耳郭里面有许多血管。当耳朵周围的空气流动时，血管周围的温度就会有所下降，这样兔子就会灵敏地感觉到声音的来源。

猫头鹰的听力

猫头鹰耳孔周围长着一圈特殊羽毛，形成一个测音喇叭，大大增强了接收到的声音的频率。大耳猫头鹰的鼓膜面积约有50平方毫米，比鸡的耳膜大一倍。而且猫头鹰的鼓膜是隆起的，这样又使面积增加了15%。同其他鸟类相比，猫头鹰中耳里的声音传导系统更为复杂，耳蜗更长，耳蜗里的听觉神经元更多，而且听觉神经中枢也特别发达。例如猫头鹰的前庭器中含有16000～22000个神经元，而鸽子仅有3000个。猫头鹰在判断声源方面也高人一筹。当声音传来时，靠近声源的那只耳朵接收到的强些。这种极其微小的音量差，能使猫头鹰确定声源位置。而这在物理学上称为多普勒效应。由于猫头鹰的听神经机制特殊，其辨向能力要远胜过其他鸟类。此外，猫头鹰的听觉对频率为3000～7000次／秒的声波最敏感，而老鼠及其他啮齿类动物的叫声刚好都在这一范围之内。

会游泳的昆虫

实 验 目 标

通过这个实验解密昆虫可以在水上自由行走的秘密。

实 验 材 料

碗、清水、软木塞、牙签、肥皂、笔

实 验 操 作

首先向碗里倒入清水，让水静止不动。

将牙签一分为二，把6根半截的牙签分别插入软木塞的两侧。在软木塞上为昆虫画上两只眼睛。

在软木塞的底端抹一些肥皂。

从碗边上把昆虫放入水中，我们会发现昆虫在水上可以自如地行走。

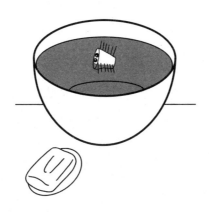

科 学 原 理

　　昆虫是节肢动物中的一纲，身体分头、胸、腹三部分。头部有触角、眼、口器等。胸部有足3对，翅膀2对或1对或无翅。腹部有节，两侧有气孔，是呼吸器官。在实验中，水的表面有一层弹性膜，它是由水的表面张力形成的。水中的昆虫掠过水面时通常不会破坏水的表面张力。当遇到危险时，水中的昆虫会释放出类似油的物质来破坏身后水的表面张力。这时，它们前边没被破坏的水的表面张力就会拉着它往前走。我们在实验中自制的昆虫也是这样在水上前行的。

观察蝗虫

　　通过观察蝗虫，我们发现蝗虫的腹部由11个体节构成，在蝗虫腹部第一节的两侧，各有1个半月形的薄膜，这是蝗虫的听觉器官。在蝗虫中胸、后胸和腹部第一节到第八节，可以看到两侧相对应的位置上各有1个小孔，这小孔叫气门，共有10对（用放大镜观察）。用解剖针和镊子将体侧的体壁与内部器官稍稍分开，就可以找到白色、半透明的丝状细管，这就是气管。还能清楚地看到气囊，可用放大镜进行观察，也可制成装片。

第8章

那些不同寻常的实验

对孩子来说，他们天生充满好奇心，总喜欢问各种问题。在生活中，我们可以带孩子做科学小实验，让他们亲身投入实验中，进行探索和尝试，然后学习科学原理，这种引导孩子自主式的探究学习会极大地促进孩子对科学的兴趣。

拉不开的两条毛巾

实 验 目 标

利用接触点和摩擦力的原理，即便没有系很牢的结，也没有缝在一起，但两条毛巾就是拉不开。

实 验 材 料

两条毛巾

实 验 操 作

首先将两条小毛巾在桌子上摊开，边缘处相互重叠约2厘米。

将重叠的部分折成像手风琴一般的褶皱，然后用拇指和食指捏住褶皱处，让毛巾看起来像是领结一样。

让另外的小朋友双手分别抓住小毛巾的两端并用力拉扯，虽然我们只用了两根手指头，但不管小朋友怎么用力，就是拉不开。

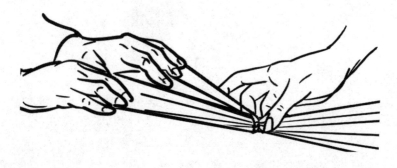

科学原理

实验中，两条小毛巾的重叠处折成了像手风琴一样的褶皱，虽然只用拇指和食指捏住，却已压住了所有的接触点，因此摩擦力大幅增加。所以，小朋友不管怎么努力也拉不开两条小毛巾。

独立的硬币

实验目标

利用摩擦力和重心的原理，我们可以让硬币立在桌子上竖着的纸币上，完全不会掉落下来。

实验材料

硬币、桌子、纸币

实验操作

首先将百元大钞对折，角度保持在接近直角的位置，放上一枚硬币。

小心地捏住纸币两端，慢慢地往两边拉开。

在拉动纸币时，硬币会稍稍晃动，但当纸币被拉成一条直线时，硬币却不会掉下来。

科学原理

在实验中，纸币渐渐被拉开的过程中，会和硬币之间产生摩擦，硬币的重心随之移动，以保持平衡。当纸币被拉成直线时，硬币的重心也刚好落在这条直线上，自然不会掉落。我们在做这个实验时，请尽量使用新钞票，同时拉动纸币时用力要轻，速度要慢，这样成功的概率才会更高。

 转圈的筷子

实 验 目 标

摩擦吸管产生的静电，有时可以高达数千伏，在静电作用下，卫生筷就会跟着吸管转圈。

实 验 材 料

卫生筷、支撑架（小酱油瓶、牙签筒、糖罐等）、面巾纸

实 验 操 作

首先将一根卫生筷放在支撑架上。小酱油瓶、牙签筒、糖罐等都可以当作支撑架，只要瓶罐有圆形的盖子，盖子够光滑就可以。

用面巾纸摩擦吸管五六次。

将吸管靠近卫生筷的一头，卫生筷就会被吸管牵引，吸管一动，筷子马上就会跟着动，好像追着吸管在转圈。

科学原理

在这个实验中，吸管经过面巾纸摩擦后，就会带上负电荷。用这根吸管接近卫生筷时，卫生筷上的正电荷会被吸管上所带的负电荷吸引而聚集到靠近吸管的那一端，负电荷则被推往另一端。筷子就变成了一端带正电荷，另一端带负电荷。吸管的负电荷和筷子的正电荷相互吸引，就造成了卫生筷追着吸管转圈的现象了。面巾纸摩擦吸管产生的电荷静止在吸管上，我们称之为静电，其电压有时可达数千伏。此外，筷子上的正电荷和负电荷一样多，只是因为受到带电吸管的影响而暂时分开。

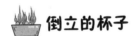

倒立的杯子

实 验 目 标

利用水的表面张力和大气压力的原理，我们可以让杯子倒立不漏水。

实 验 材 料

一杯水、一张纸

实 验 操 作

首先在杯子里装满水，再拿一张纸，把它剪成比杯

口略大的尺寸后，盖在杯子上。

一边用手轻压着纸，一边慢慢将杯子倒过来，然后手放开纸，杯里的水一滴也不会漏出来。

科学原理

在实验中，水的表面张力使杯子和纸完全闭合起来了。此时，杯里水对纸片的压力小于杯外的大气压力，因此，大气压力就帮纸片托住了水。

提起很重的瓶子

实验目标

利用摩擦力的原理，我们可以用一根筷子提起很重的瓶子。

实验材料

玻璃瓶、米、筷子

实验操作

首先选择瓶口比较窄的玻璃瓶，装满米。

然后将一根卫生筷深深地插入米中，同时把筷子周围的米用力压一压。

拿住筷子往上提，筷子不但不会被抽出来，还会把装了米的瓶子一起吊起来。我们可以在瓶子下方垫上毛巾之后再操作。

科学原理

尽管只是一粒粒的米，不过因为在瓶内被挤压得很紧，卫生筷和米之间产生了超乎想象的摩擦力。所以在实验中，卫生筷不仅不会被抽出来，还可以将很重的瓶子一起提起来。

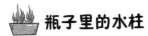 **瓶子里的水柱**

实验目标

由于空气的原理，我们垂直倾倒大瓶可乐时，可以看到瓶内好像在刮龙卷风一样。

实验材料

大可乐瓶、水

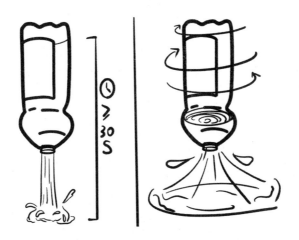

实验操作

首先将两升左右的大可乐瓶装满水。

先将瓶子直接垂直往下倒。要倒光全部的水，至少需要30秒。

将大可乐瓶再注满水，这次往下倒时立即转动大可乐瓶，让瓶内的水产生旋涡，水就一下全倒出来了。

科学原理

在实验中，我们观察一下瓶内强劲的水柱，我们就会发现水柱的中心形成了一个空洞，瓶外的空气就由这个洞进入瓶内，并到达水面上方。在这些空气的挤压下，水会很快地流出来，看起来就好像瓶子里在刮龙卷风一样。

自制小·赛艇

实验目标

利用水分子和表面张力的特性，可以让肥皂赛艇在水中行驶。

实验材料

火柴、小肥皂、水盆

实 验 操 作

首先把火柴一端从中间劈开（劈开的长度约占总长度的四分之一），在劈缝里镶上一小块肥皂，一个"小赛艇"就做成了。

把这个"小赛艇"放在水盆里，它就会自动地在水中快速行驶。

科 学 原 理

"小赛艇"之所以能在水中行驶，是因为镶在火柴上的肥皂在水里逐渐溶解，不断破坏着火柴后面水的表面张力，而火柴前面的张力没有被破坏，所以火柴后面的水分子被火柴前面的水分子拉向前去，"赛艇"就前进了。注意，当盆中水的张力都被肥皂水破坏以后，"赛艇"就不会前进了，这时就得及时换水。

运送乒乓球

实 验 目 标

利用离心力的定律，我们可以把瓶内的乒乓球运送到终点。

实 验 材 料

长条桌、罐头瓶、乒乓球

实验操作

准备好一张长条桌（课桌、方桌也行），把几个装有乒乓球的罐头瓶倒扣在桌子上。

要手拿倒置的瓶子（注意，瓶口不能用任何东西挡住），

连同瓶内的乒乓球一起运到前面的终点。

谁先到达，谁为优胜者。谁的方法最简单，谁为最佳优胜者。

科学原理

其实，这个实验是可以进行的。有一个巧妙的办法，可以使我们轻而易举地把空瓶连同乒乓球一起运到要去的地方。只要我们抓住瓶子在桌面上做有规律的绕圈运动，带动瓶内的乒乓球沿着瓶子内壁做旋转运动就能做到这一点。因为球在旋转时产生了离心力，等到离心力大于地球对乒乓球的引力以后，乒乓球就在瓶内壁上做惯性运动，便不会从瓶中掉下来了。当

然，在我们移动瓶子的时候，一定要始终保持绕圈运动是匀速的，要是一会儿快，一会儿慢，乒乓球离开了瓶壁，也是会从瓶中掉下来的。

自己脱衣服的香蕉

实验目标

利用压力的原理，我们可以让香蕉自己剥皮。

实验材料

一只香蕉、一个酒瓶、一些度数比较高的白酒（有酒精更好）

实验操作

拿一只稍微熟过头的香蕉，把末端的皮剥开一点儿备用。

找一个瓶口能足以让香蕉肉进到里面去的酒瓶（当然是选择能满足这个条件的香蕉更容易一些——也就是说选一个能进到瓶内的香蕉），在瓶内倒进少量白酒（或酒精），用一根点着的火柴或燃着的纸片把瓶内的酒点燃，然后立即把香蕉的末端放在瓶口上，使瓶口完

全被香蕉肉堵住，让香蕉皮搭在瓶口外面。

这时，我们会惊奇地看到一个有趣的现象：瓶子像是具有了魔力，拼命地把香蕉往里吞吸。最后，香蕉肉被瓶子吸进去了，而香蕉皮却"自行"脱落，留在了瓶口。

科学原理

实验中，因为燃烧的白酒耗尽了空气中的氧，瓶子里的压力比外面的压力小了，因此，外面的空气推着香蕉进入了瓶中。如果放上香蕉以后，瓶口没有被完全堵死，这个实验就不容易成功了。另外，如果是因为香蕉不太熟，实验没有成功，我们可以预先在香蕉皮上竖着划两三个切口，再做时，就会容易一些。

 一口气的力量

实验目标

利用气压的原理，我们呼出的一口气可以举起10公斤重物。

实验材料

长方形纸袋、一大堆书

实验操作

在桌子上放一个结实的长方形纸袋，大小能放进两本厚书就行。

再在上面放上一大堆书——拿我们能找到的最厚、最重的书。

这时，我们可以开始往袋里吹气了。要注意，吹气口应该很小，这样吹起来比较容易一些，不需要费很大的力气。

吹气要慢一些，吹得要匀一些。我们会发现自己吹出来的气，进到袋里以后，随着袋子慢慢地鼓胀，轻而易举地就把上面一大堆书举起来了。

科学原理

其实，只要这个纸袋或塑料袋的尺寸是 10 厘米×20 厘米（200 平方厘米），我们只要吹出稍微比一个大气压大一点的气，就可以使袋子得到一个20公斤的力，所以很容易举起 10 公斤的重物。

不停转动的小船

实验目标

利用强磁铁的特性，我们可以自己动手做一个磁力船。

实验材料

软质木材、2.5厘米长的铁钉、火柴、纸张、装满水的脸盆

实 验 操 作

只要找一块软质的木材，削几只不超过 4 厘米长的小船，在每条小船背面钉进一根 2.5 厘米长的铁钉。

船上面打个小孔插进一根火柴，再折一个纸三角做"帆"，小船就算做好了。

把做好的小船放进一只脸盆里，慢慢移动脸盆下面的强磁铁（可用耳机、广播喇叭里的磁铁代替），小船就可以在我们的"导航"下自由航行了。

如果几个小朋友各拿一块磁铁，各自指挥自己的小船，可以进行各种有趣的"海战"实验。

科 学 原 理

磁力船确实有吸引人的神秘之处，因为至今还没有一艘有实用价值的磁力船在航线上航行呢。不过，本世纪初，在阿姆斯特丹曾经展出过一只小船，里面没有任何动力装置或推进系统，也没有线牵引它，可它能在水池里不停地转圈，令参观者万分惊讶——是什么力量使得这只小船不停地转动呢？其实道理很简单，这只船是用铁做的，而小船游动的水池下面有一个放在大平底盘子里的强磁铁。这个大盘子用一个电动机带动，慢慢地转动着，小船就跟着磁铁移动的路线游动。

被施了"魔法"的圆锥体

实验目标

　　利用地球引力的作用，圆锥体像被施了魔法朝着坡上滚动。

实验材料

　　厚纸、胶水、一本大书、一本小书、圆木棍

实验操作

　　先用厚纸做成两个圆锥体，然后用胶水把它们对接在一起；把一本大书和一本小书相隔一定距离放好，注意，应该是书背向上才能放得稳些。

　　在书上架两根圆筷子或圆木棍，放的时候，让较高的一头的圆筷子比较低的一头的略为敞开一些。

　　现在，我们可以把刚刚做好的双圆锥体放在木棍靠近小书

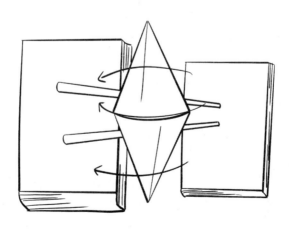

的一端，也就是较低的一端。这时，我们会惊奇地发现双圆锥体像是被施了"魔法"，竟然沿着"轨道"向上坡滚动。看起来不可能的事情，居然真的发生了。

科学原理

由于地球引力的作用，任何东西都是由上往下落：高处的水向低处流，坡上的石头往坡下滚。我们能想象出往坡上滚动的圆锥体是怎么回事吗？地球的引力对双圆锥体不起作用了吗？不是。我们把双圆锥体放在木棍上再让它滚一次，仔细观察双圆锥体是怎样滚动的，一定会发现其中的奥秘。看一看双圆锥体的两头，它们搁在靠得较拢的两根木棍上，是什么情形？滚动后，由于两根木棍之间的距离越来越大，双圆锥体实际上是向下走的。注意，玩这个实验时，两本书的高度不能相差太悬殊了。

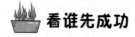 **看谁先成功**

实验目标

让鸡蛋在瓶中既不沉于瓶底，又不浮在水面上。

实验材料

一个空的玻璃罐头瓶子、一只鸡蛋、一份盐、水

实验操作

在罐头瓶里装进一半溶了大量盐的水，只要水里的盐足够多，不管鸡蛋的个儿是大是小，都会浮在盐水上。

这时，我们再小心地、慢慢地把淡水沿着罐头瓶壁倒进去，直到水装满了为止。这时，我们就能实验目标，让鸡蛋悬浮在水中了。

科学原理

要让一个东西悬浮在水中可不是那么容易的。只有当这件东西的重量和它排开水的重量相等时，才能出现这种现象。同样多的盐水和淡水相比，盐水要比淡水重。也就是说，盐水的相对密度比较大。一个鸡蛋在很浓的盐水里能够漂起来，而在淡水中却会沉下去。

吹肥皂泡比赛

实验目标

利用肥皂水的特性，吹出好看晶莹的泡泡。

实验材料

一根金属丝、酒瓶、小碗、肥皂、水

实 验 操 作

先找来一根金属丝，把它在一个酒瓶口上绕一圈，就弯成了一个圆圈，然后把它拧紧，做成一个带把的小圆坏。

取一小碗，把一块肥皂头放进碗里泡上水，再在肥皂水里溶进一些白糖，这样吹出的肥皂泡更结实一些。

把圆环放进肥皂水里再小心地拿出来，我们会看到圆环上有一层肥皂薄膜。把圆环举到嘴前，朝薄膜中央轻微地、缓慢地吹气，我们会发现薄膜变成一个小口袋形状，我们一边吹，它就一边鼓，最后，"口袋"的后部逐渐与其余部分脱离，形成一个很大的肥皂泡。

掌握了一定技巧之后，我们就能吹出真正的大肥皂泡了。这时，我们可以再试着用另一种方法来吹：把手握起来放进肥皂水中，然后把手轻轻张开，使手指向外伸出，食指和拇指尖连在一起形成一个环，把手小心地从肥皂水里抽出来。这时，

手指形成的环形上就会留下一个肥皂薄膜。把手移到嘴边，使手心向上、小手指向外，轻轻对着手上吹气。如果我们做得熟练，吹气时小心，就会吹出一个非常美丽的泡泡。

科学原理

泡泡是由于水的表面张力而形成的。这种张力是物体受到拉力作用时，存在于其内部而垂直于两相邻，肥皂泡部分接触面上的相互牵引力。水面的水分子间的相互吸引力比水分子与空气之间的吸引力强。这些水分子就像被黏在一起一样。但如果水分子之间过度黏合在一起，泡泡就不易形成了。肥皂"打破"了水的表面张力，它把表面张力降低到只有通常状况下的1/3，而这正是吹泡泡所需的最佳张力。光线穿过肥皂泡的薄膜时，薄膜的顶部和底部都会产生反射，肥皂薄膜最多可以包含大约150个不同的层次。我们看到的凌乱的颜色组合是由不平衡的薄膜层引起的。最厚的薄膜层反射红光，最薄的反射紫光，居中的反射七彩光。

参考文献

[1]后藤道夫.让孩子着迷的77×2个经典科学游戏[M]海口：南海
  出版公司，2018.

[2]伊丽莎白·A·舍伍德.365个科学游戏[M]北京：九州出版
  社，2018.

[3]卓越教育.科学游戏大百科[M]北京：电子工业出版社，2014.

[4]安妮娜·凡·萨恩.有趣的科学游戏[M]北京：科学普及出版
  社，2010.